FORSCHUNGSBERICHTE DES LANDES NORDRHEIN-WESTFALEN

Nr. 1615

Herausgegeben
im Auftrage des Ministerpräsidenten Dr. Franz Meyers
von Staatssekretär Professor Dr. h. c. Dr. E. h. Leo Brandt

DK 669.112.221

Prof. Dr.-Ing. Wilhelm Patterson
Dozent Dr.-Ing. Siegfried Engler

Gießerei-Institut der Rhein.-Westf. Techn. Hochschule Aachen

Die »gerichtete Erstarrung« als Voraussetzung
zur Herstellung dichter Gußstücke

Springer Fachmedien Wiesbaden GmbH

ISBN 978-3-663-06058-1   ISBN 978-3-663-06971-3 (eBook)
DOI 10.1007/978-3-663-06971-3

Verlags-Nr. 011615

© 1966 by Springer Fachmedien Wiesbaden

Ursprünglich erschienen bei Westdeutscher Verlag, Köln und Opladen 1966

Inhalt

I. Gerichtete Erstarrung 9
    1. Erläuterung des herkömmlichen Begriffes 9
    2. Gerichtete Erstarrung und Speisung 11

II. Versuche 13
    1. Vorversuche 13
    2. Eigentliche Versuche 13
    3. Versuchsbeschreibung 14

III. Ergebnisse 17
    1. Einfluß der Speiserform 25
    2. Einfluß der Legierung und einer Endkokille 25

IV. Erörterung und Folgerungen 26

V. Zusammenfassung 31

Literaturverzeichnis 33

In den Jahren 1950–1956 erschien eine Reihe Arbeiten amerikanischer Forscher, die in einem umfangreichen Versuchsprogramm die Dichtspeisung von einfachen Gußkörpern aus unlegiertem Stahlguß untersuchten und ihre Ergebnisse mit Hilfe des Begriffes der »gerichteten Erstarrung« deuteten [1] bis [7]. Gewisse Unstimmigkeiten der Deutung sowie die Frage nach der Dichtspeisung bei anderen Gußmetallen als Stahl führten dazu, daß am Gießerei-Institut der Technischen Hochschule Aachen ähnliche Versuche an Aluminiumlegierungen durchgeführt wurden. Dabei stellte sich heraus, daß eine gerichtete Erstarrung im herkömmlichen Sinne zwar eine notwendige, jedoch nicht hinreichende Bedingung für die Dichtspeisung von Gußstücken ist. Ein Teil der Versuchsergebnisse soll hier als Beweis vorgelegt werden.

I. Gerichtete Erstarrung

1. Erläuterung des herkömmlichen Begriffes

Der Begriff »gerichtete Erstarrung« wurde – soweit feststellbar – von G. BATTY [8, 9] eingeführt. Er soll in enger Anlehnung an die Gedankengänge von W. S. PELLINI [5, 6] erläutert werden.
Die Erstarrung eines Gußkörpers setzt im allgemeinen an der Formwand ein und schreitet senkrecht zur Formwand bis zur Mitte des Querschnitts fort. Sie ist dem Wärmefluß entgegengesetzt gerichtet. Die Wärme fließt in Richtung des größten Temperaturgefälles, und die fließende Wärmemenge hängt von dem für ein gegebenes Metallvolumen zur Verfügung stehenden Formstoffvolumen ab. So kommt es, daß der Wärmefluß an Ecken und Kanten eines Gußstückes stärker ist als an den Flächen und daß konvex gekrümmte Flächen die Wärme schneller abführen als nicht oder konkav gekrümmte. Entsprechend dem stärkeren Wärmefluß schreitet die Erstarrung an Ecken und Kanten schneller fort als an den Flächen des Gußstücks. Aus dem Zusammenwirken unterschiedlich schneller Erstarrung an verschiedenen Punkten eines Gußstückes ergibt sich im günstigen Fall eine »gerichtete Erstarrung«, die am Beispiel einer liegenden Platte mit Seitenspeiser erörtert werden soll. Dabei wird eine rauhwandige Erstarrung nach der Definition von W. PATTERSON und S. ENGLER [10] vorausgesetzt.
Wenn man die Grenzfläche fest–flüssig nach E. T. MYSKOWSKI, H. F. BISHOP und W. S. PELLINI [4] schematisch einzeichnet, ergibt sich Abb. 1.
Durch den bevorzugten Wärmefluß an den Kanten der Platte folgen die Grenzflächen fest–flüssig schon frühzeitig nicht mehr überall den Außenflächen, sondern laufen in der Nähe der Plattenkanten konisch zusammen. Der durch die Grenzfläche fest–flüssig im Platteninneren gebildete Speisungskanal besteht nach W. S. PELLINI und Mitarbeitern also aus einem parallelwandigen und einem keil-

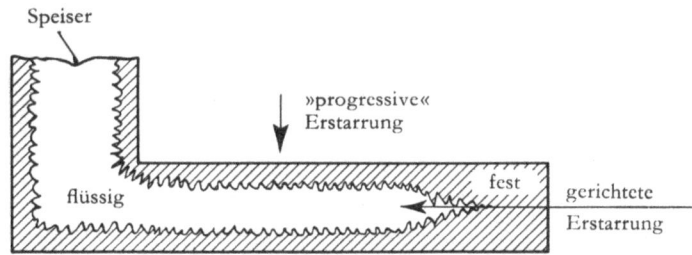

Abb. 1 Zur Erläuterung des Begriffes »gerichtete Erstarrung« nach E. T. MYSKOWSKI, H. F. BISHOP und W. S. PELLINI [4]

förmigen Abschnitt. Im Verlauf der Erstarrung wird der parallelwandige Teil immer enger, und der Keil wandert in Richtung auf den Speiser.

Im angelsächsischen Schrifttum wird die Erstarrung senkrecht zu den Außenflächen der Platte (laterale Erstarrung) als »progressive solidification« bezeichnet. Aus der Überlagerung der Erstarrung von den Seitenflächen mit der vom Plattenende ergibt sich eine Längserstarrung (longitudinale Erstarrung), die in Richtung auf den Speiser verläuft und daher *gerichtete Erstarrung* (directional solidification) genannt wird. Nach Abb. 1 ist die gerichtete Erstarrung gleichbedeutend mit der Verschiebung der Keilspitze des Speisungskanals zum Speiser hin.

Im Speisungskanal wird nun das Metall transportiert, das zum Ausgleich des Volumendefizits an der Grenzfläche fest-flüssig benötigt wird. Dieser Transport verläuft vom Speiser zum Plattenende hin. Zur Aufrechterhaltung der Speisung und damit zur Erzeugung eines lunkerfreien Gußstückes muß der Speisungskanal eine bestimmte Größe haben. Außerdem darf der keilförmige Teil einen bestimmten Öffnungswinkel nicht unterschreiten. Diese Bedingungen werden in späteren Stadien der Erstarrung jedoch nicht mehr eingehalten, die laterale Erstarrung übertrifft die longitudinale, und der parallelwandige Teil des Speisungskanals wird schneller eng, als der keilförmige Teil zum Speiser wandern kann. Beim Unterschreiten einer bestimmten Größe des Speisungskanals stockt die Speisung, und ein Mittellinienlunker muß entstehen.

Für den besprochenen Modellfall läßt sich eine mathematische Fassung des Begriffes der »gerichteten Erstarrung« geben. Eine Koordinate x wird in der eingezeichneten Richtung (Abb. 2) eingeführt.

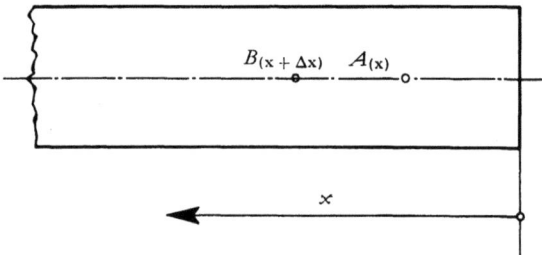

Abb. 2 Zur mathematischen Ableitung des Begriffes »gerichtete Erstarrung«

Die Punkte A und B auf der Mittellinie der Platte erstarren nacheinander zu den Zeitpunkten t_{E_A} und t_{E_B}. Die Erstarrung ist dann gerichtet, wenn

$$t_{E_B} - t_{E_A} > 0 \quad \text{oder} \quad t_{E_{(x+\Delta x)}} - t_{E_{(x)}} > 0$$

Im Grenzfall gilt $t_{E_{(x+dx)}} - t_{E_{(x)}} > 0$ als Bedingung für eine gerichtete Erstarrung. Diese Formel führt zu einer allgemeinen Fassung des Begriffes »gerichtete Erstarrung«: *Eine gerichtete Erstarrung liegt dann vor, wenn von zwei beliebig benachbarten Punkten auf der thermischen Mittellinie eines Gußstückes immer der dem Speiser nähere später (oder der der Endzone nähere früher) erstarrt als sein Nachbarpunkt.*

2. Gerichtete Erstarrung und Speisung

W. Patterson und S. Engler [11] konnten zeigen, daß das Speisungsvermögen einer Legierung von ihrem Erstarrungsablauf bestimmt wird. Eine Reihe von Typen des Erstarrungsablaufs läßt sich herausstellen, die nach Abb. 3 zu unterschiedlichen Speisungsvorgängen führen. Fall a entspricht der glattwandigen Erstarrung, die bei den technischen Gußlegierungen praktisch nicht angetroffen wird. Die rauhwandige Erstarrung nach Typ b ist der Erstarrungstyp, den W. S. Pellini als einzigen berücksichtigt. Es leuchtet ein, daß die Speisung hier im Vergleich zu Fall a stärker behindert ist. Wenn die Zerklüftung der Grenzfläche fest–flüssig nur gering ist, mag auch in diesem Fall eine gerichtete Erstarrung für die Dichtspeisung genügen. Viel schwieriger liegen die Verhältnisse jedoch bei starker Aufrauhung der Grenzfläche sowie bei schwammartiger und breiartiger (Fall c) Erstarrung. Bei diesen in der Praxis häufig anzutreffenden Erstarrungstypen besagt die oben gegebene Definition des Begriffes »gerichtete Erstarrung« nicht, daß stets bewegliches Metall zum Ausgleich lokaler Volumenfehlbeträge zur Verfügung steht, was die Voraussetzung der Speisung ist. Die zeitlich auf-

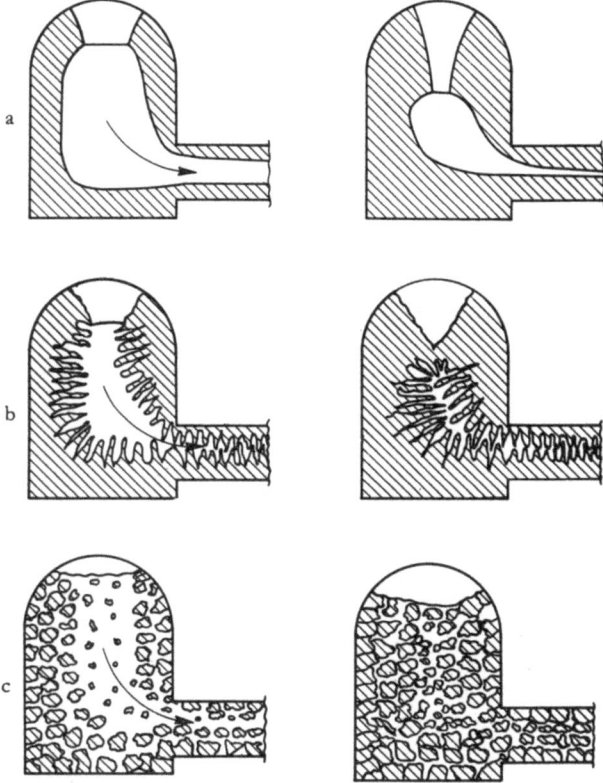

Abb. 3 Speisung bei a) glattwandiger, b) rauhwandiger bis schwammartiger und c) breiartiger Erstarrung, jeweils zu zwei aufeinanderfolgenden Zeitpunkten

einanderfolgende Erstarrung von beliebig benachbarten Punkten auf der Mittellinie des Stückes ist hier nur eine notwendige, aber nicht mehr hinreichende Bedingung zur Dichtspeisung. Später wird zu zeigen sein, wie bei diesen Erstarrungsarten eine Dichtspeisung erreicht werden kann.

Ein Kriterium für die Vollständigkeit der Speisung ist die im erstarrten Gußteil meßbare Schrumpfungsporosität. Je kleiner das Porenvolumen ist, um so erfolgreicher ist die Speisung gewesen. Aus diesem Grunde kann die Größe der Porosität als einfaches Maß zur Beurteilung der Speisung herangezogen werden.

II. Versuche

1. Vorversuche

Die Versuche wurden an einer liegend gegossenen Platte mit seitlich angesetztem Speiser durchgeführt. Die Abmessungen der Platte waren 300 × 250 × 40 mm. Der Speiser war durch einen Speiserhals mit der Platte verbunden, wie Abb. 4a zeigt. Die Platte war mit diesen Maßen nachweislich zu groß, als daß eine »gerichtete Erstarrung« hätte stattfinden können. Die Aufgabe der Versuche bestand daher darin, den Gußkörper konstruktiv so zu ändern, daß eine »gerichtete Erstarrung« vom Plattenende zum Speiser hin möglich war. Als erste Änderung wurde der Speiser unmittelbar an die Platte angesetzt und der Speiserhals in gleicher Breite wie der Speiserdurchmesser zur Platte durchgeführt (Abb. 4b). Wie durch eingesetzte Thermoelemente gemessen werden konnte, war auch so noch keine »gerichtete Erstarrung« zu erreichen. Aus diesem Grunde wurde anschließend die Anordnung des Speisers beibehalten, und die Plattenabmessungen wurden auf 250 × 200 × 40 mm verkleinert (Abb. 4c). Es zeigte sich, daß der neue Körper in fast allen Fällen gerichtet erstarrte. Die beiden Ausnahmen (Speiser N und H bei Al 99,5; vgl. weiter unten) beweisen, daß die Abmessungen des gesamten Systems damit so beschaffen waren, daß die Erstarrung gerade noch gerichtet war. Diese interessante Grenzlage wurde für die eigentlichen Versuche beibehalten.

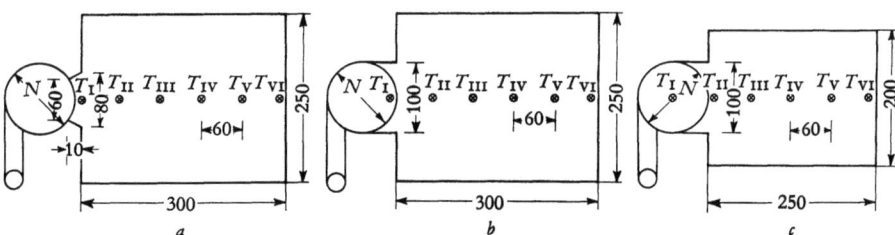

Abb. 4 Abmessungen der Platte und Anordnung des Speisers in den Vorversuchen

2. Eigentliche Versuche

Im Rahmen der eigentlichen Versuche wurden folgende Einflüsse untersucht:

a) Einfluß der Speiserform

Drei Speiser unterschiedlichen Schlankheitsgrades wurden verwendet, deren Höhen/D: Durchmesser-Verhältnisse 3, 1,5 und 1 waren. Ihre Abmessungen sind in Tab. 1 angegeben. Sie waren nach den von R. NAMUR [12] angegebenen Verfahren für die ganze Platte als Sättigungsvolumen berechnet worden. Die Versuche mit verschiedenen Speiserformen wurden bei allen Legierungen in Sandguß durchgeführt.

Tab. 1 Abmessungen der Speiser
(D' = Speiserdurchmesser, H' = Speiserhöhe, V' = Speiservolumen)

Bezeichnung	$\dfrac{H'}{D'}$	D' in mm	H' in mm	V' in mm
H	3	86	257	1400
N	1,5	100	150	1050
T	1	115	115	1000

b) Einfluß der Legierung

Folgende Aluminium-Silizium-Legierungen wurden verwendet: Al 99,5; AlSi 1,6; AlSi 5; AlSi 8; AlSi 12; AlSi 14.

c) Einfluß der Endkokille

Bei allen Platten mit Speiser N (»Normalspeiser« nach R. NAMUR) wurde zusätzlich der Einfluß einer wassergekühlten Endkokille aus Gußeisen untersucht.

3. Versuchsbeschreibung

Die Legierungen wurden in einem Widerstandsofen mit herausnehmbarem Ton-Graphittiegel geschmolzen. Ausgangsmetall war Hüttenaluminium Al 99,5 sowie die Vorlegierungen AlSi 12,8 und AlSi 20. Das Abdecksalz hatte folgende Zusammensetzung: 15% Kryolith, 60% NaCl, 25% KCl. Die Gießtemperatur betrug 50°C über der Liquidustemperatur. Die Gießzeit war 18 s. Gegossen wurde durch ein festgelegtes Anschnittsystem tangential in den Speiser (Abb. 4). Der Eingußdurchmesser betrug 30 mm, der Anschnitt war 100 mm lang und hatte dreieckigen Querschnitt (Grundseite 37 mm, Höhe 32 mm). In den Speiser ragte stets ein Luftdruckkern von oben etwa 30 mm tief hinein. Diese Kerne waren aus Ölsand hergestellt (Länge 55 mm, Durchmesser von 20 auf 17 mm). Die Platten wurden in Formen aus synthetischem Sand abgegossen (Quarzsand der Körnung 0,2–0,3 mm, 6% Betonit, 2,5% Wasser). Bei erneuter Verwendung des Sandes wurde ihm etwa je 1% Betonit und Wasser bis zum »formgerechten« Gehalt zugesetzt.

Um die Erstarrung in der Platte verfolgen zu können, wurden sechs Thermoelemente von unten in den Formhohlraum eingeführt (Abb. 5). Die Nickel-Nickelchrom-Elemente waren von Sillimanit-Schutzröhrchen (3 mm Innen-, 4 mm Außendurchmesser) umgeben. Die Meßstellen lagen auf der Mittellinie der Platte, der Abstand zweier Meßstellen betrug 60 mm. Vom Plattenende war die letzte Meßstelle (T VI, vgl. Abb. 5) 2 mm, bei Verwendung der Endkokille 5 mm entfernt. Die Abkühlungskurven der einzelnen Thermoelemente wurden von einem elektronisch kompensierenden Zwölfpunktdrucker mit einem Meßbereich von 500 bis 700°C aufgezeichnet. Aus den Abkühlungskurven konnte für jede Meßstelle der Zeitpunkt der völligen Erstarrung (Solidustemperatur oder Ende des eutektischen Haltes) entnommen werden. Die Zeitzählung setzte mit Erstarrungsbeginn (Liquidustemperatur oder Beginn des eutektischen Haltes) ein. Die Versuchsanordnung entsprach damit weitgehend den amerikanischen Arbeiten [1] bis [7].

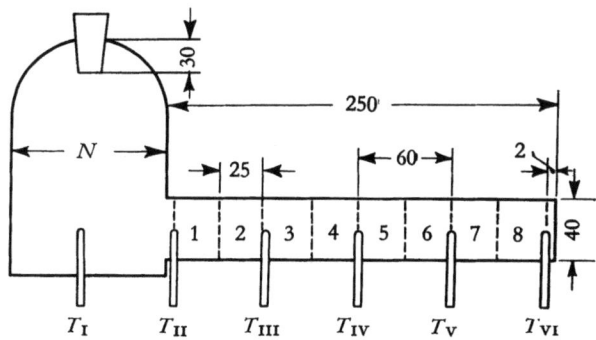

Abb. 5 Anordnung der Thermoelemente und der Probestäbe in der Platte

Zur Auswertung wurden aus den zwischen zwei Meßstellen befindlichen Metallstreifen je zwei Vierkantstäbe (25×40×200 mm) herausgesägt. Lage und Numerierung dieser Stäbe sind in Abb. 5 angegeben. Die Vierkantstäbe wurden auf 23 mm ⌀ rund gedreht. An diesen Rundstäben wurde die Porosität durch Wägen in Luft und Wasser bestimmt. Es gilt die Beziehung

$$P = \frac{V - \frac{G_L}{\gamma_i}}{V} \cdot 100 \text{ in \%}$$

und

$$V = G_L - G_W$$

(V = Volumen des Probestabes in cm³, G_L = Gewicht des Probestabes in Luft in g, G_W = Gewicht des Probestabes in Wasser in g, P = Porosität des Probestabes in %, γ_i = ideale Dichte in $\frac{g}{cm^3}$).

Als »ideale Dichten« wurden die Dichten porenfreier Körper (Tab. 2) herangezogen.

Tab. 2   Dichten porenfreier Probekörper aus Aluminium–Silizium-Legierungen [13]

Legierung	ideale Dichte in g/cm³
Al 99,5	2,7101
AlSi 1,5	2,7104
AlSi 4	2,7044
AlSi 8	2,6887
AlSi 12,5	2,6708
AlSi 14	2,6635

III. Ergebnisse

Zur graphischen Darstellung der Ergebnisse wurde über der Position jeder Meßstelle die betreffende Erstarrungszeit (Abb. 6a–13a) aufgetragen. Nach der eingangs gegebenen mathematischen Definition liegt eine »gerichtete Erstarrung« dann vor, wenn die Meßstellen vom Plattenende in Richtung auf den Speiser *nacheinander* das Ende der Erstarrung anzeigen. Die Forderung $t_{E_{(x+\Delta x)}} - t_{E_{(x)}} > 0$ ist bei dem gewählten Koordinatensystem (Erstarrungszeit t_E auf der Ordinate, Abstand x auf der Abszisse in umgekehrter Richtung) gleichbedeutend mit einem stets negativen Steigungsmaß der Erstarrungskurven. Ein Steigungsmaß Null besagt, daß die Erstarrung nicht gerichtet war, weil ein

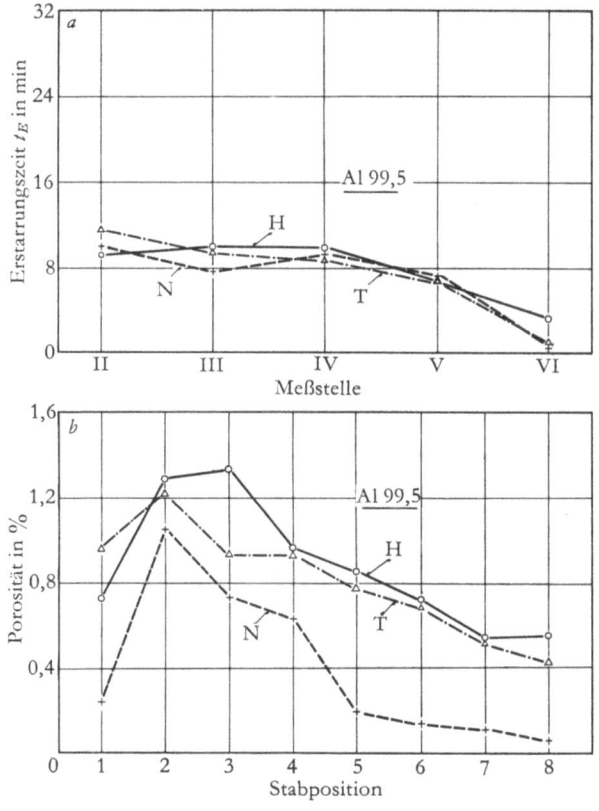

Abb. 6 a) Erstarrungskurven bei Al 99,5
       b) Porosität über der Plattenlänge bei Al 99,5

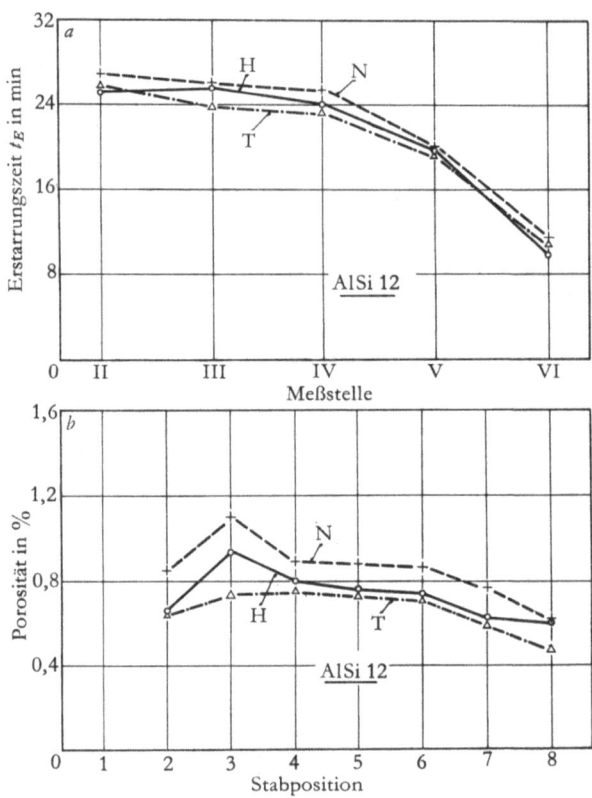

Abb. 7 a) Erstarrungskurven bei AlSi 12
b) Porosität über der Plattenlänge bei AlSi 12

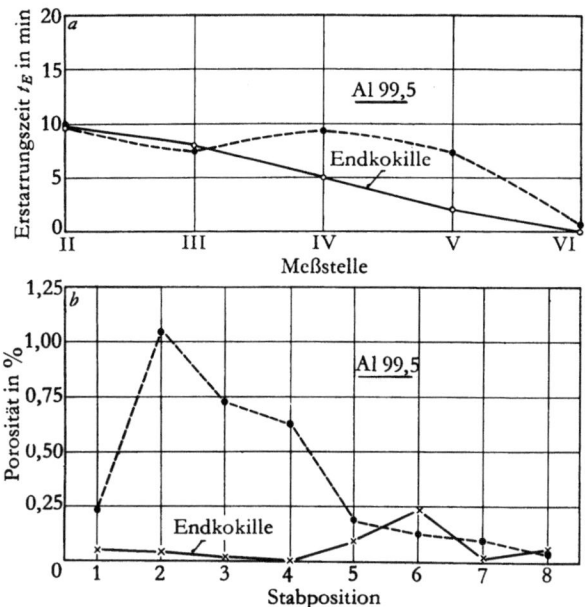

Abb. 8 a) Erstattungskurven bei Al 99,5
b) Porosität über der Plattenlänge bei Al 99,5

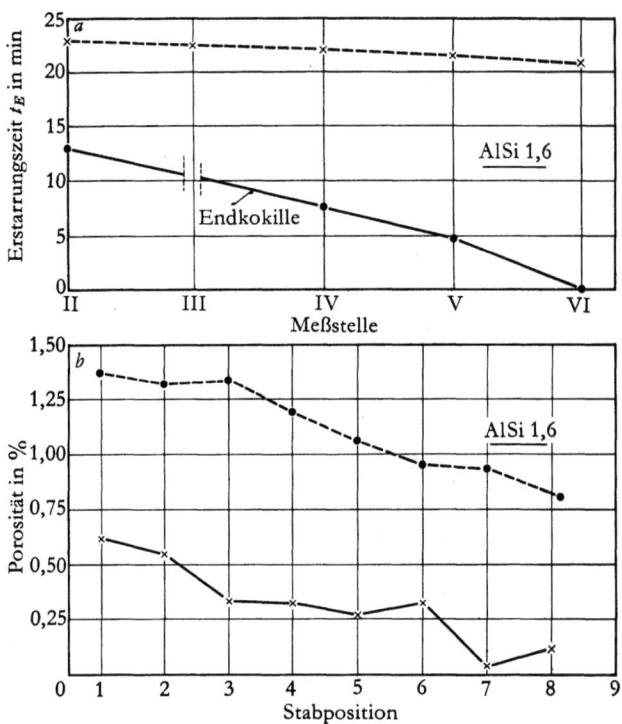

Abb. 9 a) Erstarrungskurven bei AlSi 1,6
b) Porosität über der Plattenlänge bei AlSi 1,6

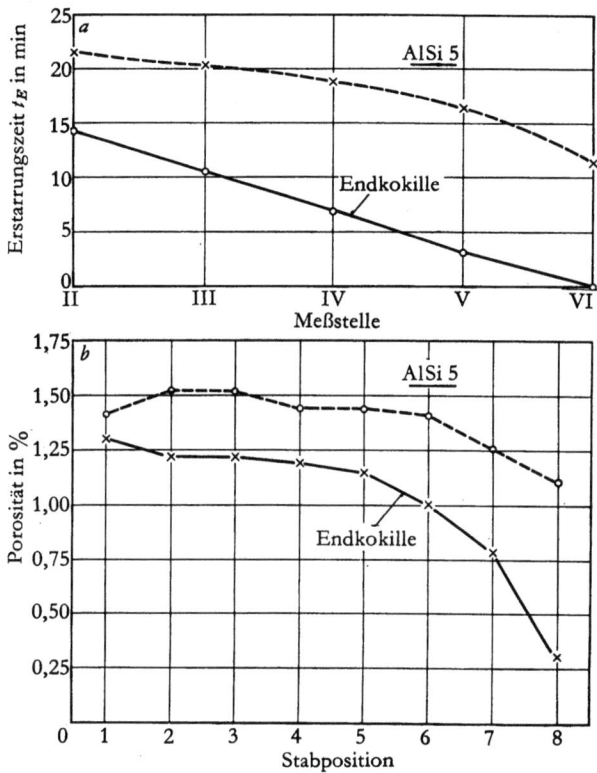

Abb. 10 a) Erstarrungskurven bei AlSi 5
b) Porosität über der Plattenlänge bei AlSi 5

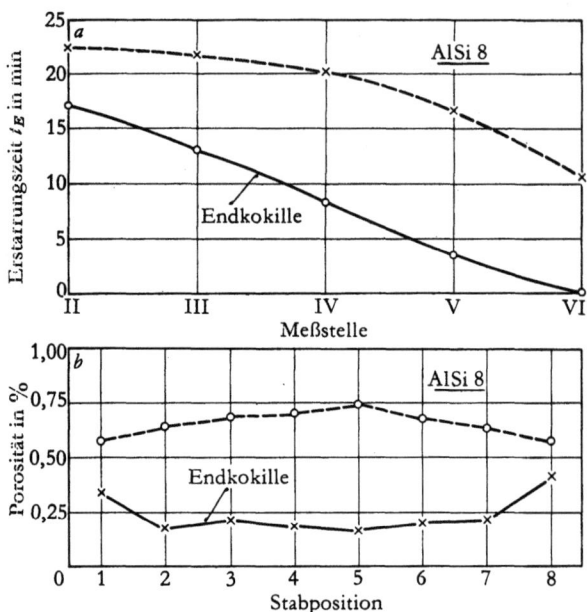

Abb. 11 a) Erstarrungskurven bei AlSi 8
b) Porosität über der Plattenlänge bei AlSi 8

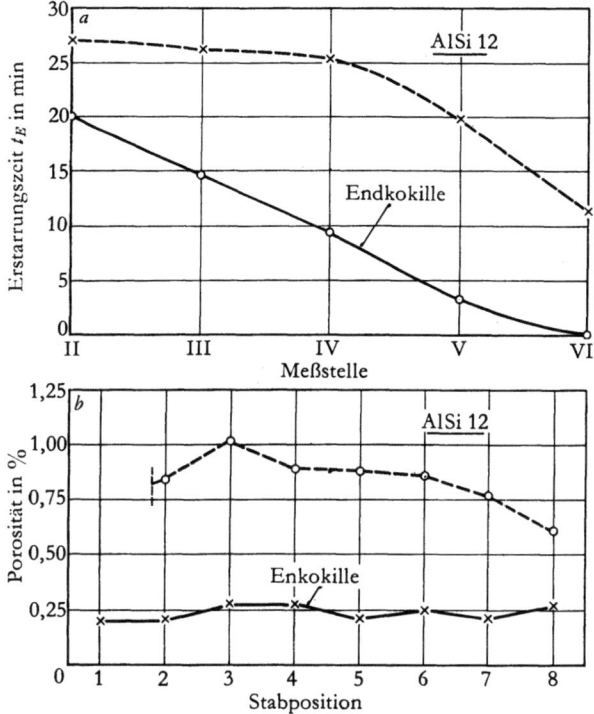

Abb. 12 a) Erstarrungskurven bei AlSi 12
        b) Porosität über der Plattenlänge bei AlSi 12

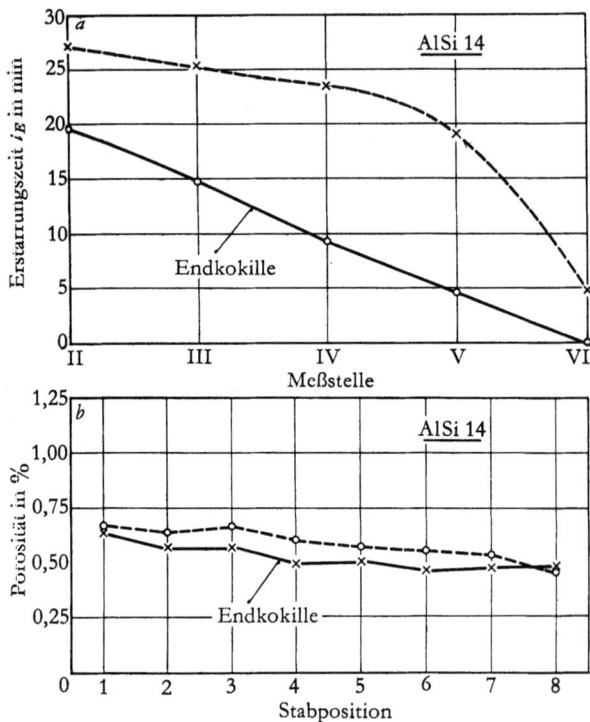

Abb. 13 a) Erstarrungskurven bei AlSi 14
        b) Porosität über der Plattenlänge bei AlSi 14

bestimmter Bereich der Platte gleichzeitig erstarrte. Positive Steigungen zeigen an, daß die Erstarrung in umgekehrter Richtung, nämlich vom Speiser zum Gußkörper hin, gerichtet war. Die Steigung der Erstarrungskurve $\frac{dt_E}{dx}$ wird im folgenden als »*Erstarrungsgradient*« bezeichnet.

1. Einfluß der Speiserform

In den Abb. 6a und 7a sind für Al 99,5 und AlSi 12 die Erstarrungskurven, in den Abb. 6b und 7b die zugehörigen Porositätswerte wiedergegeben. Für die drei verschiedenen Speiserformen H, N und T läßt sich keine eindeutige Korrelation zwischen Erstarrungsgradient und Porosität angeben. Bei der Legierung Al 99,5 nimmt die durchschnittliche Porosität in der Reihenfolge der Speiser H, T, N ab, bei der Legierung AlSi 12 ist diese Reihenfolge N, H, T. Bei Berücksichtigung aller untersuchten Legierungen läßt sich feststellen, daß sich keiner der verwendeten Speiser im Hinblick auf die Vermeidung von Porosität als optimal erwies. Aus diesem Grunde wurde auf die Wiedergabe der übrigen Ergebnisse verzichtet.

2. Einfluß der Legierung und einer Endkokille

Die Versuchsergebnisse bei den Platten mit Speiser N mit und ohne Endkokille sind für alle Legierungen in den Abb. 8–13 wiedergegeben. Bei allen Legierungen liegt der absolute Wert der Erstarrungszeit ohne Endkokille höher als bei Verwendung einer Kokille. Die Erstarrungszeit (gemessen an der Meßstelle II) nimmt von Al 99,5 bis AlSi 14 auf den doppelten (mit Endkokille) oder fast auf den dreifachen Wert (ohne Endkokille) zu. Erstarrungszeitmessungen an zylindrischen Proben von W. PATTERSON und R. KÜMMERLE [14] zeigten einen ähnlichen Anstieg und wurden durch den zunehmenden Wärmeinhalt der Legierungen mit steigendem Siliziumgehalt erklärt.
Die Erstarrungsgradienten waren in den mit Endkokille gegossenen Platten über die ganze Plattenlänge etwa gleich groß. Bei den Platten ohne Endkokille waren diese Gradienten in Speisernähe meist flach und stiegen zum Plattenende hin an. Die Abb. 8a zeigt für Al 99,5 den Fall einer ungerichteten oder entgegengesetzt gerichteten Erstarrung bei einem Versuch ohne Endkokille: der Bereich um die Meßstelle IV erstarrte später als seine Nachbarbereiche in beiden Richtungen.
Die Größe der Schrumpfungsporosität wurde durch die Anwendung einer Endkokille praktisch immer vermindert. Häufig steigt die Porosität vom Plattenende zum Speiser hin an. Bemerkenswert ist die verhältnismäßig hohe Porosität bei der ohne Endkokille vergossenen Platte aus Al 99,5 (Abb. 8b), deren Erstarrung in der Mitte ungerichtet war.

IV. Erörterung und Folgerungen

Die Untersuchung des Einflusses der Speiserform zeigte, daß keiner der verwendeten Speiser für alle Legierungen ein Minimum der Schrumpfungsporosität herbeiführte. Da die Speiserhöhen zwischen 257 und 115 mm lagen und damit unterschiedliche metallostatische Drucke verbunden waren, muß gefolgert werden, daß die Druckunterschiede im untersuchten Bereich (0,03–0,06 atü) für die Speisung bedeutungslos waren. Anderseits war das Volumen des Speisers H – entsprechend der Forderung gleicher Erstarrungszeit – erheblich größer als die Volumina der Speiser N und T (vgl. Tab. 1). Aus wirtschaftlichen Gründen muß daher den Speisern N und T gegenüber H der Vorzug gegeben werden.

Die Versuchsergebnisse zeigen weiter, daß in allen Fällen trotz vorausgegangener gerichteter Erstarrung mehr oder weniger starke Schrumpfungsporosität auftrat. Bei den Ausnahmefällen mit ungerichteter Erstarrung war die Schrumpfungsporosität sehr hoch. Damit ist erwiesen, daß eine »gerichtete Erstarrung« im herkömmlichen Sinne nur *eine* Voraussetzung zur Dichtspeisung von Gußkörpern ist.

Eine Zuordnung der zwischen zwei Punkten gemessenen Erstarrungsgradienten zu dem dort meßbaren Porenvolumen führte zu keinem befriedigenden Ergebnis. Insbesondere konnte nicht nachgewiesen werden, daß etwa steilere Erstarrungsgradienten mit verminderter Porosität einhergingen. Weiter ergibt sich keine eindeutige Beziehung zwischen den mittleren Erstarrungsgradienten (zwischen den Meßstellen VI und II) und der mittleren Porosität (Abb. 14).

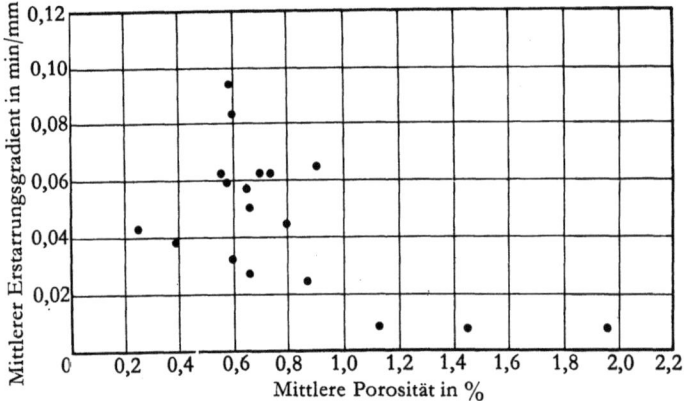

Abb. 14 Mittlerer Erstarrungsgradient gegen mittlere Porosität
(für alle Legierungen in Sandguß ohne Endkokille bei drei Speiserformen)

Dieses Ergebnis steht scheinbar im Widerspruch zu einer ähnlichen Untersuchung von R. W. Ruddle [15], der behauptet, daß die Dichtheit der Platten von den mittleren longitudinalen Temperaturgradienten[1] während der Erstarrung bestimmt wird. Wenn man jedoch diese mittleren Temperaturgradienten aus der genannten Arbeit gegen die dort angegebene mittlere Porosität aufträgt, erhält man Abb. 15, die die ausgesprochenen Folgerungen eindeutig widerlegt.

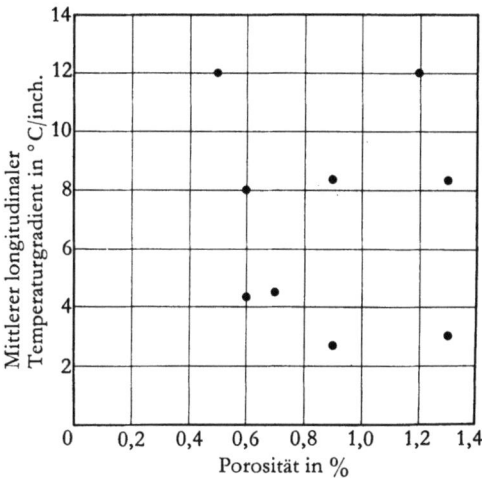

Abb. 15 Mittlerer longitudinaler Temperaturgradient gegen mittlere Porosität nach R. W. Ruddle [15]

Diese Fülle negativer Ergebnisse läßt den Verdacht aufkommen, daß die eingangs mitgeteilten Gedankengänge als Grundlagen der Versuche offenbar nicht völlig richtig sind.

Zur Beantwortung der Frage nach den hinreichenden Bedingungen zur Dichtspeisung von Gußstücken muß insbesondere untersucht werden, ob die der Konstruktion von Abb. 1 zugrunde liegenden Vorstellungen überhaupt zutreffen. Wenn die Erstarrung streng dem Wärmefluß folgt, ist nicht einzusehen, daß die Grenzfläche fest–flüssig Knicke aufweisen soll, wie es zur Erklärung der Entstehung des keilförmigen Abschnitts des Speisungskanals notwendig ist. Vielmehr ist anzunehmen, daß die Grenzfläche fest–flüssig bei glattwandiger Erstarrung zu verschiedenen Zeitpunkten den in Abb. 16 eingezeichneten Verlauf hat. Der Keil mit scharfer Spitze wird ersetzt durch eine Rundung. Im Verlaufe der Erstarrung wandert diese Rundung zum Speiser hin. Die Speisung kommt zum Stillstand, wenn der Speisungskanal zum Metalltransport zu eng geworden ist.

---

[1] Da R. W. Ruddle nur die Legierung AlCu 4 untersuchte, genügt zur Charakterisierung der Erstarrung der Temperaturgradient dT/dx. Bei dem in der vorliegenden Arbeit untersuchten Legierungssystem Aluminium-Silizium, das auch Legierungen mit Haltepunkt (Reinmetall, AlSi 12) unfaßt, erwies sich der Erstarrungsgradient dt_E/dx als allgemeinere Bezugsgröße.

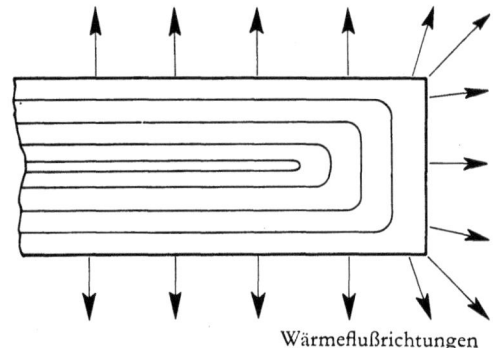

Wärmeflußrichtungen

Abb. 16　Grenzfläche fest–flüssig in der Endzone einer Platte zu verschiedenen Zeitpunkten (schematisch)

Man kann abschätzen, daß dieser Fall etwa in einem Abstand von der halben Plattendicke vom Ende aus eintritt, falls der Wärmefluß von der Platte nach allen Seiten gleichmäßig ist.

An Hand dieser Vorstellungen können nun die Bedingungen aufgestellt werden, die zur Dichtspeisung von Gußstücken erfüllt sein müssen:

1. Bedingung: *Die Erstarrung muß gerichtet sein*,

$$\text{das heißt } t_{E_{(x+dx)}} - t_{E_{(x)}} > 0.$$

2. Bedingung: *Die Speisung muß möglich sein*, das heißt

    a) ein günstig ausgebildeter Speisungskanal muß vorhanden sein,

    b) die Erstarrung muß möglichst glattwandig verlaufen.

Bedingung 1 leuchtet unmittelbar ein, denn eine ungerichtete oder gar entgegengesetzt gerichtete Erstarrung würde ein Abschnüren des Speisungskanals bedeuten, womit jegliche Speisung unterbunden ist.

Selbst bei einer gerichteten Erstarrung kann die Speisung unvollständig sein, wenn die zweite Bedingung nicht erfüllt ist. So muß der Speisungskanal in allen Stadien der Erstarrung so ausgebildet sein, daß das Speisemetall ungehindert bis in den vom Speiser entferntesten Teil fließen kann. Einflußfaktoren auf die Ausbildung des Speisungskanals werden weiter unten mitgeteilt.

Eine häufig außer acht gelassene Bedingung für die Dichtspeisung ist eine möglichst glattwandige Erstarrung des Metalls. Wie eingangs bereits ausgeführt wurde, wird die Speisung bei rauhwandiger Erstarrung mehr oder weniger behindert; bei schwamm- und breiartiger Erstarrung ist das Speisungsvermögen des Metalls meist bereits in frühen Stadien der Erstarrung vollständig erloschen. Bei den letztgenannten Erstarrungstypen bildet sich nicht mehr ein »Speisungskanal« in dem in Abb. 16 dargestellten Sinne, Bedingung 2a tritt hinter Bedingung 2b vollständig zurück.

Wenn man den Begriff »Erstarrungsbereich« einführt, womit der Bereich gemeint ist, in dem feste und flüssige Phase einander durchdringen, kann Bedingung 2b auch folgendermaßen ausgesprochen werden: Der Erstarrungsbereich soll möglichst eng sein.

Aus diesen Betrachtungen ergibt sich, daß »Strangguß bei glattwandiger Erstarrung« die besten überhaupt möglichen Voraussetzungen für eine Dichtspeisung schafft. Alle Maßnahmen, die in diese Richtung zielen, versprechen Erfolg bei der Herstellung von dichten Gußstücken.

Die Wirkung von Endkokillen ist folgendermaßen zu deuten: Die erhöhte Wärmeabfuhr am Plattenende verstärkt die Erstarrung vom Ende her. Bei glattwandiger Erstarrung (Abb. 17a) wird die Form des Speisungskanals günstiger gestaltet: die Rundung flacht ab (Bedingung 2a). Bei rauhwandiger Erstarrung (Abb. 17b) bewirkt eine Endkokille zweierlei: Der Speisungskanal wird günstiger ausgebildet (Bedingung 2a), und der Erstarrungsablauf wird im Wirkungsbereich der Kokille in Richtung auf eine glattwandige Erstarrung verschoben (Bedingung 2b). Die Wirkung von Endkokillen bei den anderen Erstarrungstypen läßt sich entsprechend ableiten.

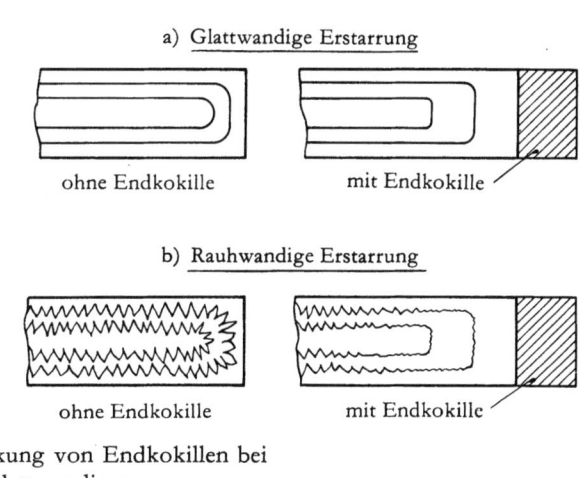

Abb. 17 Wirkung von Endkokillen bei
a) glattwandiger,
b) rauhwandiger Erstarrung

Wie durch die Versuchsergebnisse belegt wird, kann durch wassergekühlte Endkokillen die Speisung oft nachhaltig verbessert werden. Die verhältnismäßig stärkste Verminderung der Schrumpfungsporosität ergab sich bei Al 99,5, das rauhwandig erstarrt. Mit zunehmender Verbreiterung des Erstarrungsbereiches (AlSi 1,6, AlSi 8, AlSi 12) nimmt auch die Wirkung der Endkokille ab. Bei extrem breiartiger Erstarrung (AlSi 5, AlSi 14) führt die Endkokille nur noch zu einer verhältnismäßig geringen Verbesserung der Speisung.

Die fehlende Korrelation zwischen Temperaturgradient und Dichtheit bei R. W. RUDDLE [15] oder zwischen Erstarrungsgradient und Dichtheit (Porosität) in der vorliegenden Arbeit erklärt sich dadurch, daß die Voraussetzungen zur Speisung bei Änderung der Gradienten allein nicht verändert werden. Insbesondere bleibt die Natur des Erstarrungsablaufs, die von durchschlagendem Einfluß ist, praktisch unverändert.

Eingangs wurde erwähnt, daß nach Ansicht von W. S. Pellini und Mitarbeitern eine »gerichtete Erstarrung« zur Dichtspeisung von Gußstücken genüge. Die Ansicht ist im großen und ganzen zutreffend für glattwandige und schwach rauhwandige Legierungen, bei denen die oben geforderte Bedingung 2 ohnehin weitgehend erfüllt ist. Nun erstarren die von W. S. Pellini untersuchten Stahlgußsorten offenbar rauhwandig, und so kann eine »gerichtete Erstarrung« in diesem Fall tatsächlich hinreichende Gewähr zur Dichtspeisung bieten. Bei der Übertragung auf andere Gießmetalle versagt diese Forderung aus den angeführten Gründen.

Die starke Betonung der »gerichteten Erstarrung« im herkömmlichen Sinn als Voraussetzung zur Entstehung dichter Gußkörper von seiten der amerikanischen Forscher führte dazu, daß die experimentellen Ergebnisse von W. S. Pellini und Mitarbeitern auch in mathematischer Form berechnet wurden.

R. Namur [16] leitete eine Gleichung für die Speisung ab, die von der ideal glattwandigen Erstarrung ausgeht und alle anderen Erstarrungsarten unberücksichtigt läßt. Da er in Anlehnung an W. S. Pellini ausschließlich eine gerichtete Erstarrung zur Dichtspeisung fordert, bestätigen seine mathematischen Ergebnisse die experimentellen Ergebnisse von W. S. Pellini, was ja zu erwarten ist. Da diese mathematische Ableitung von zu engen Voraussetzungen ausgeht, darf sie nicht auf Gußlegierungen der Praxis verallgemeinert werden.

V. Zusammenfassung

An liegend gegossenen Platten, in denen die Erstarrung gerichtet verlief, wurde der Einfluß der Speiserform, der Legierung und einer wassergekühlten Endkokille auf die Dichtspeisung verfolgt. Der zeitliche Verlauf der Erstarrung wurde durch in der Mittellinie der Platten angeordnete Thermoelemente aufgezeichnet. Als Maß für den Erfolg der Speisung wurde die leicht meßbare Schrumpfungsporosität von aus den Platten herausgearbeiteten Rundstäben herangezogen. Ein Einfluß der Speiserform auf die Dichtspeisung konnte nicht festgestellt werden. Durch Endkokillen wurde die Schrumpfungsporosität über die ganze Plattenlänge in allen Fällen mehr oder weniger stark vermindert.

Nach den Versuchsergebnissen ist die Erfüllung von zwei Bedingungen die Voraussetzung zur Dichtspeisung von Gußstücken:

1. Die Erstarrung muß gerichtet sein.

2. Die Speisung muß möglich sein, das heißt

    a) der Speisungskanal muß möglichst günstig ausgebildet sein,

    b) die Erstarrung muß möglichst glattwandig verlaufen.

Der Einfluß der Legierung und der Endkokille auf die Speisung wird an Hand dieser neuen Vorstellungen gedeutet. Frühere Arbeiten werden kritisch beleuchtet.

Literaturverzeichnis

[1] Bishop, H. F., und W. S. Pellini, Trans. Amer. Foundrym. Soc. 58 (1950), S. 185–196.
[2] Bishop, H. F., E. T. Myskowski und W. S. Pellini, Trans. Amer. Foundrym. Soc. 59 (1951), S. 171–177.
[3] Bishop, H. F., F. A. Brandt und W. S. Pellini, Trans. Amer. Foundrym. Soc. 59 (1951), S. 435–447.
[4] Myskowski, E. T., H. F. Bishop und W. S. Pellini, Trans. Amer. Foundrym. Soc. 60 (1952), S. 389–399.
[5] Pellini, W. S., Trans. Amer. Foundrym. Soc. 61 (1953), S. 61–80.
[6] Pellini, W. S., Trans. Amer. Foundrym. Soc. 61 (1953), S. 603–621.
[7] Myskowski, E. T., H. F. Bishop und W. S. Pellini, Trans. Amer. Foundrym. Soc. 62 (1954), S. 583–588..
[8] Batty, G., Trans. Amer. Foundrym. Ass. 42 (1934), S. 237–264.
[9] Batty, G., Trans. Amer. Foundrym. Ass. 43 (1935), S. 75–106.
[10] Patterson, W., und S. Engler, Gießerei, techn.-wiss. Beih. 13 (1961), Nr. 3, S. 123–156.
[11] Patterson, W., und S. Engler, Gießerei 48 (1961), S. 633–638.
[12] Namur, R., Fond. Belge 6 (1956), S. 89–122.
[13] Schmacker, W., Aufteilung des Volumendefizits von Aluminiumlegierungen. Dipl.-Arb. Nr. 324, Gießerei-Institut, Techn. Hochschule Aachen 1961.
[14] Patterson, W., und R. Kümmerle, Gießerei, techn.-wiss. Beih. Nr. 26, 1959, S. 1403/27.
[15] Ruddle, R. W., J. Inst. Metals 77 (1950), S. 37–59.
[16] Namur, R., Gießerei, techn.-wiss. Beih. Nr. 20, 1958, S. 1077/87.

FORSCHUNGSBERICHTE DES LANDES NORDRHEIN-WESTFALEN

Herausgegeben im Auftrage des Ministerpräsidenten Dr. Franz Meyers
von Staatssekretär Prof. Dr. h. c. Dr.-Ing. E. h. Leo Brandt

HÜTTENWESEN · WERKSTOFFKUNDE

HEFT 4
*Prof. Dr. med. Erich A. Müller und
Dipl.-Ing. H. Spitzer, Max-Planck-Institut für
Arbeitsphysiologie, Dortmund*
Untersuchungen über die Hitzebelastung in Hüttenbetrieben
1952. 20 Seiten, 5 Abb., 1 Tabelle. DM 9,—

HEFT 48
Max-Planck-Institut für Eisenforschung, Düsseldorf
Spektrochemische Analyse der Gefügebestandteile in Stählen nach ihrer Isolierung
1953. 31 Seiten, 12 Abb., 5 Tabellen. DM 7,80

HEFT 49
Max-Planck-Institut für Eisenforschung, Düsseldorf
Untersuchungen über Ablauf der Desoxydation und die Bildung von Einschlüssen in Stählen
1953. 45 Seiten, 19 Abb., 3 Tabellen. Vergriffen

HEFT 50
Max-Planck-Institut für Eisenforschung, Düsseldorf
Flammenspektralanalytische Untersuchung der Ferritzusammensetzung in Stählen
1953. 34 Seiten, 15 Abb., 4 Tabellen. DM 8,60

HEFT 74
Max-Planck-Institut für Eisenforschung, Düsseldorf
Versuche zur Klärung des Umwandlungsverhaltens eines sonderkarbidbildenden Chromstahls
1954. 48 Seiten, 10 Abb. DM 14,—

HEFT 75
Max-Planck-Institut für Eisenforschung, Düsseldorf
Zeit-Temperatur-Umwandlungs-Schaubilder als Grundlage der Wärmebehandlung der Stähle
1954. 34 Seiten, 13 Abb. DM 8,70

HEFT 89
Verein Deutscher Ingenieure, Gleitlagerforschung, Düsseldorf, und Prof. Dr.-Ing. G. Vogelpohl, Göttingen
Versuche mit Preßstoff-Lagern für Walzwerke
1954. 57 Seiten, 34 Abb. Vergriffen

HEFT 96
Dr.-Ing. Paul Koch, Dortmund
Austritt von Exoelektronen aus Metalloberflächen unter Berücksichtigung der Verwendung des Effektes für die Materialprüfung
1954. 21 Seiten, 13 Abb. DM 7,—

HEFT 105
Dr.-Ing. Robert Meldau, Harsewinkel/Westf.
Auswertung von Gekörn – Analysen des Musterstaubes »Flugasche Fortuna I«
1955. 28 Seiten, 14 Abb. DM 8,50

HEFT 132
Prof. Dr. phil. nat. W. Seith, Münster
Über Diffusionserscheinungen in festen Metallen
1955. 27 Seiten, 19 Abb., 4 Tabellen. Vergriffen

HEFT 143
*Prof. Dr. phil. Franz Wever, Dr. phil. Adolf Rose und
Dipl.-Ing. W. Straßburg, Max-Planck-Institut für
Eisenforschung, Düsseldorf*
Härtbarkeit und Umwandlungsverhalten der Stähle
1955. 33 Seiten, 12 Abb., 3 Tabellen. Vergriffen

HEFT 153
*Prof. Dr.phil. Franz Wever,
Dr.-Ing. Wilhelm Anton Fischer und
Dipl.-Ing. J. Engelbrecht, Düsseldorf*
I. Die Reduktion sauerstoffhaltiger Eisenschmelzen im Hochvakuum mit Wasserstoff und Kohlenstoff
II. Einfluß geringer Sauerstoffgehalte auf das Gefüge und Alterungsverhalten von Reineisen
1955. 42 Seiten, 15 Abb., 2 Tabellen. DM 12,40

HEFT 154
*Prof. Dr.-Ing. P. Bardenheuer und
Dr.-Ing. Wilhelm Anton Fischer, Düsseldorf*
Die Verschlackung von Titan aus Stahlschmelzen im sauren und basischen Hochfrequenzofen unter verschiedenen Schlacken
1955. 23 Seiten, 10 Abb., 1 Tabelle. DM 7,95

HEFT 162
Prof. Dr. phil. Franz Wever,
Prof. Dr. rer. techn. Albert Kochendörfer und
Dr.-Ing. Chr. Rohrbach, Max-Planck-Institut für Eisenforschung, Düsseldorf
Kennzeichnung der Sprödbruchneigung von Stählen durch Messung der Fließspannung, Reißspannung und Brucheinschnürung an dreiachsig beanspruchten Proben
1955. 46 Seiten, 26 Abb. DM 13,—

HEFT 170
Prof. Dr. phil. Franz Wever, Dr. phil. Adolf Rose und Dipl.-Ing. L. Rademacher, Max-Planck-Institut für Eisenforschung, Düsseldorf
Anwendung der Umwandlungsschaubilder auf Fragen der Werkstoffauswahl beim Schweißen und Flammhärten
1955. 51 Seiten, 25 Abb. DM 13,70

HEFT 205
Dr. Carl Schaarwächter, Laboratorium für Rostschutz und Oberflächentechnik, Düsseldorf
Über plastische Kupfer-Eisen-Phosphor-Legierungen
1956. 25 Seiten, 10 Abb., 10 Tabellen. DM 8,30

HEFT 227
Prof. Dr. phil. Franz Wever und Dr. Wolfgang Wepner, Max-Planck-Institut für Eisenforschung, Düsseldorf
Untersuchung der Alterungsneigung von weichen unlegierten Stählen durch Härteprüfung bei Temperaturen bis 300° C
1956. 24 Seiten, 20 Abb., 3 Tabellen. DM 7,95

HEFT 228
Prof. Dr. phil Franz Wever, Dr. phil. Walter Koch und Dr. rer. nat. Bernd Alexander Steinkopf, Max-Planck-Institut für Eisenforschung, Düsseldorf
Spektrochemische Grundlagen der Analyse von Gemischen aus Kohlenmonoxyd, Wasserstoff und Stickstoff
1956. 31 Seiten, 18 Abb., 1 Tabelle. DM 9,90

HEFT 229
Prof. Dr. phil. Franz Wever, Dr. phil Walter Koch und Dr.-Ing. Hanns Malissa, Max-Planck-Institut für Eisenforschung, Düsseldorf
Über die Anwendung disubstituierter Dithiocarbamate der analytischen Chemie
1955. 30 Seiten, 30 Abb., 5 Tabellen. DM 10,50

HEFT 230
Prof. Dr. phil. Franz Wever und Dr. phil. Wolfgang Wepner, Max-Planck-Institut für Eisenforschung, Düsseldorf
Bestimmung kleiner Kohlenstoffgehalte im α-Eisen durch Dämpfungsmessung
1955. 19 Seiten, 5 Abb., 2 Tabellen. DM 7,70

HEFT 234
Dr.-Ing K. G. Speith und Dr.-Ing A. Bungeroth, Duisburg
Versuche zur Steigerung des Kokillen-Schluckvermögens beim Stranggießen von Stahl
1956. 15 Seiten, 5 Abb. DM 6,15

HEFT 244
Prof. Dr. phil. Franz Wever, Dr. phil. Walter Koch und Dr. Siegfried Eckhard, Max-Planck-Institut für Eisenforschung, Düsseldorf
Erfahrungen mit der spektrochemischen Analyse von Gefügebestandteilen des Stahles
1956. 22 Seiten, 8 Abb., 2 Tabellen. DM 7,80

HEFT 263
Prof. Dr. phil. Heinrich Lange und Dipl.-Phys. Rudolf Kohlhaas, Institut für theoretische Physik der Universität Köln
Über die Wärmeleitfähigkeit von Stählen bei hohen Temperaturen: Teil I: Literaturbericht
1956. 37 Seiten, 26 Abb., 8 Tabellen. DM 10,70

HEFT 268
Prof. Dr.-Ing. G. Vogelpohl, VDI, Max-Planck-Institut für Strömungsforschung, Göttingen
Über die Tragfähigkeit von Gleitlagern und ihre Berechnung
1956. 66 Seiten, 24 Abb., 7 Tabellen. Vergriffen

HEFT 283
Prof. Dr.-phil Franz Wever und Dr.-Ing. Werner Lueg, Max-Planck-Institut für Eisenforschung, Düsseldorf
Warmstauchversuche zur Ermittlung der Formänderungsfestigkeit von Gesenkschmiede-Stählen
1956. 31 Seiten, 19 Abb. DM 9,90

HEFT 288
Dr. phil Kurt Brücker-Steinkuhl, Düsseldorf
Anwendung mathematisch-statischer Verfahren in der Industrie
1956. 103 Seiten, 28 Abb., 14 Tabellen. Vergriffen

HEFT 290
Dr. rer. nat. Dietrich Horstmann, Max-Planck-Institut für Eisenforschung, Düsseldorf
I. Der verstärkte Angriff des Zinks auf Eisen im Temperaturgebiet um 500° C
II. Einfluß eines Antimongehaltes auf den Angriff von Zinkschmelzen auf Eisen
1956. 36 Seiten, 33 Abb., 3 Tabellen. DM 11,90

HEFT 291
Dr.-Ing. Hans-Joachim Wiester und Dr. rer. nat. Dietrich Horstmann, Max-Planck-Institut für Eisenforschung, Düsseldorf
Der Angriff eisengesättigter Zinkschmelzen auf silizium- und manganhaltiges Eisen
1956. 40 Seiten, 45 Abb., 8 Tabellen. DM 12,60

HEFT 311
*Prof. Dr. phil. Franz Wever und
Dr. phil. nat. Max Hempel, Düsseldorf*
Dauerschwingfestigkeit von Stählen bei erhöhten Temperaturen
Teil I: Erkenntnisse aus bisherigen Dauerschwingversuchen in der Wärme
1956. 36 Seiten, 19 Abb., 2 Tabellen. DM 10,90

HEFT 312
*Prof. Dr. phil. Franz Wever und
Dr. phil. nat. Max Hempel, Max-Planck-Institut für Eisenforschung, Düsseldorf*
Dauerschwingfestigkeit von Stählen bei erhöhten Temperaturen
Teil II: Zug-Druck-Dauerschwingversuche an zwei warmfesten Stählen bei Temperaturen von 500 bis 650° C
1956. 36 Seiten, 20 Abb., 3 Tabellen. DM 13,—

HEFT 313
*Prof. Dr. phil. Franz Wever, Dr. phil. Walter Koch und
Dipl.-Phys. Helga Rohde, Max-Planck-Institut für Eisenforschung, Düsseldorf*
Änderungen des Habitus und der Gitterkonstanten des Zementits in Chromstählen bei verschiedenen Wärmebehandlungen
1956. 76 Seiten, 29 Abb., 8 Tabellen. DM 20,90

HEFT 314
*Prof. Dr. phil. Franz Wever,
Dr.-Ing. habil. Alfred Krisch und
Dr.-Ing. Hans-Joachim Wiester, Max-Planck-Institut für Eisenforschung, Düsseldorf*
Veränderungen im Gefügeaufbau von Chrom-Nickel-Molybdän-Stählen bei langzeitiger Beanspruchung im Zeitstandversuch bei 500°
1956. 35 Seiten, 26 Abb., 5 Tabellen. DM 11,70

HEFT 315
*Prof. Dr. phil. Franz Wever und
Dr.-Ing. habil. Alfred Krisch, Max-Planck-Institut für Eisenforschung, Düsseldorf*
Metallkundliche Untersuchungen an Zeitstandproben
1956. 25 Seiten, 12 Abb. DM 9,15

HEFT 336
Dr. phil. Tung-ping Yao, Gießerei-Institut der Rhein.-Westf. Technischen Hochschule Aachen
Die Viskosität metallischer Schmelzen
1956. 53 Seiten, 28 Abb., 2 Tabellen. DM 14,40

HEFT 342
*Prof. Dr.-Ing. Helmut Winterhager und
Dipl.-Ing. Wolfgang Barthel, Aachen*
Die Gewinnung von Titan-Schlacken-Konzentraten aus eisenreichen Ilmeniten
1956. 47 Seiten, 30 Abb., 6 Tabellen. DM 13,30

HEFT 348
*Prof. Dr.-Ing. Eugen Piwowarsky † und
Dr.-Ing. Ernst Günter Nickel, Gießerei-Institut der Rhein.-Westf. Technischen Hochschule Aachen*
Metallurgie eines hochwertigen Gußeisens mit kompakter bis kugelförmiger Graphitausbildung
1956. 46 Seiten, 27 Abb., 5 Tabellen. DM 13,30

HEFT 349
*Dr.-Ing. Wilhelm-Anton Fischer,
Dr.-Ing. Helmut Treppschuh und
Dr.-Ing. Karl Heinz Köthemann, Max-Planck-Institut für Eisenforschung, Düsseldorf*
Tiegel aus Schmelzmagnesia für Vakuuminduktionsöfen
1957. 23 Seiten, 14 Abb. DM 8,40

HEFT 367
Dr. rer. nat. Dietrich Horstmann, Max-Planck-Institut für Eisenforschung, Düsseldorf
Der Angriff eisengesättigter Zinkschmelzen auf kohlenstoff-, schwefel- und phosphorhaltiges Eisen
1957. 42 Seiten, 22 Abb., 6 Tabellen. DM 12,85

HEFT 392
*Prof. Dr. phil. Franz Wever,
Dr. phil. Walter Koch, Düsseldorf,
Dr.-Ing. Helmut Knüppel,
Dr. rer. nat. Bernd Alexander Steinkopf,
Dipl.-Ing. Karl Ernst Mayer und
Dipl.-Phys. Gert Wiethoff, Dortmund*
Untersuchungen über den Konverterrauch im Hinblick auf die spektrale Überwachung des Thomasprozesses
1957. 36 Seiten, 14 Abb., 4 Tabellen. DM 12,10

HEFT 407
*Prof. Dr.-Ing. Dr.-Ing. E. h. Hermann Schenk,
Aachen und Dr.-Ing. Werner Wenzel, Bad Godesberg*
Entwicklungsarbeiten auf dem Gebiete der Verhüttung von Erzstaub in Schmelzkammern
1957. 71 Seiten, 9 Abb., 18 Tabellen. DM 17,10

HEFT 408
*Prof. Dr. phil. Franz Wever, Dr.-Ing. Werner Lueg und
Dr.-Ing. Hans Günter Müller, Max-Planck-Institut für Eisenforschung, Düsseldorf*
Kraft- und Arbeitsbedarf beim Warmscheren von Stahl in Abhängigkeit von Temperatur und Schnittgeschwindigkeit
1957. 33 Seiten, 15 Abb., 3 Tabellen. DM 11,35

HEFT 409
*Prof. Dr. phil. Franz Wever,
Dr. phil. Walter Koch,
Dr. rer. nat. Christa Ilschner-Gensch und
Dipl.-Phys. Helga Rohde, Max-Planck-Institut für Eisenforschung, Düsseldorf*
Das Auftreten eines kubischen Nitrids in aluminiumlegierten Stählen
1957. 26 Seiten, 12 Abb., 3 Tabellen. DM 10,10

HEFT 410
Prof. Dr. phil. Franz Wever,
Prof. Dr. rer. techn. Albert Kochendörfer,
Dr. phil. nat. Max Hempel und
Dipl.-Phys. Emil Hillenhagen, Max-Planck-Institut für Eisenforschung, Düsseldorf
Biegewechselversuche mit Flachproben aus Alpha-Eisen-Kristallen zur Bestimmung der Wechselfestigkeit und der Gleitspuren
1957. 100 Seiten, 58 Abb., 3 Tabellen. DM 30,—

HEFT 455
Dr.-Ing. Wilhelm Anton Fischer,
Dr.-Ing. Helmut Treppschuh und
Dipl.-Phys. Karl Heinz Köthemann, Max-Planck-Institut für Eisenforschung, Düsseldorf
Erschmelzung von Reinsteisen nach dem Kohlenstoffproduktionsverfahren und Kerbschlagzähigkeit-Temperatur-Kurven dieses Eisens
1957. 25 Seiten, 7 Abb., 6 Tabellen. DM 9,35

HEFT 456
Privatdozent Dr.-Ing. Karl Bungardt, Krefeld
Zeitstandversuche an austenitischen Stählen und Legierungen
1958. 23 Seiten und Anhang mit Abbildungen und Tafeln z. T. auf Falttafeln. DM 19,85

HEFT 457
Prof. Dr. phil. Franz Wever und
Dr. phil. Wolfgang Wepner, Max-Planck-Institut für Eisenforschung, Düsseldorf
Dämpfungsmessungen an schwach gereckten Eisen-Kohlenstoff-Legierungen
1957. 22 Seiten, 7 Abb., 3 Tabellen. DM 8,40

HEFT 458
Prof.-Ing. Dr.-Ing. E. h. Hermann Schenk und
Dr.-Ing. Eugen Schmidtmann, Aachen,
Dr.-Ing. Hans Kosmider, Dr.-Ing. Herbert Neuhaus und Dr.-Ing. Alfred Krüger, Haspe
Das Frischen von Thomas-Roheisen mit Sauerstoff-Wasserdampf-Gemischen und die Eigenschaften der damit erblasenen Stähle
1957. 50 Seiten, 56 Abb. DM 16,35

HEFT 459
Prof. Dr. phil. Franz Wever,
Dr. phil. Otto Krisement und Hanna Schädler, Max-Planck-Institut für Eisenforschung, Düsseldorf
Ein isothermes Mikrokalorimeter zur kinetischen Messung von Umwandlungs- und Ausscheidungsvorgängen in Legierungen
1957. 31 Seiten, 14 Abb. DM 10,75

HEFT 460
Prof. Dr. phil. Franz Wever und
Dr. rer. nat. Bernhard Ilschner, Max-Planck-Institut für Eisenforschung, Düsseldorf
Ein isothermes Lösungskalorimeter zur Bestimmung thermo-dynamischer Zustandsgrößen von Legierungen
1957. 31 Seiten, 7 Abb., 4 Tabellen. DM 10,40

HEFT 461
Prof. Dr.-Ing. habil. Eugen Piwowarsky †
Prof. Dr.-Ing. Wilhelm Patterson und
Dipl.-Ing. Friedrich Wilhelm Iske, Gießerei-Institut der Rhein.-Westf. Technischen Hochschule Aachen
Verbesserung der Zähigkeitseigenschaften von Bessemer-Stahlguß
1957. 41 Seiten, 15 Abb., 16 Tabellen. DM 12,75

HEFT 492
Prof. Dr. phil. Josef Meixner und
Dr. rer. nat. Bruno Munz, Institut für theoretische Physik der Rhein.-Westf. Technischen Hochschule Aachen
Zur Theorie der irreversiblen Prozesse in α-Eisen
1958. 10 Seiten, 1 Abb. DM 5,70

HEFT 519
Prof. Dr. phil. Franz Wever,
Dr. phil. Walter Koch und
Dr. phil. Siegfried Eckhard, Max-Planck-Institut für Eisenforschung, Düsseldorf
Die spektrographische Bestimmung der Spurenelemente in Stahl ohne vorherige Abbrennung
1958. 36 Seiten, 22 Abb. DM 12,60

HEFT 542
Dr. phil. nat. Gerhard Zapf, Schwelm
Entwicklung eines Verfahrens zur Herstellung von Formteilen aus Sintermessing
1958. 43 Seiten, 23 Abb., 7 Tabellen. DM 15,15

HEFT 552
Dr.-Ing. Gerhard Leiber und
Dipl.-Ing. Dieter Schauwinhold, Duisburg-Hamborn
Versuche zur Erzeugung halbberuhigten Stahles
1958. 28 Seiten, 23 Abb., 6 Tabellen. DM 11,30

HEFT 562
Prof. Dr.-Ing. Dr.-Ing. E. h. Hermann Schenck,
Prof. Dr. phil. habil. Norbert G. Schmahl und
Dr.-Ing. Götz Funke, Institut für Eisenhüttenwesen der Rhein.-Westf. Technischen Hochschule Aachen
Die Reduzierbarkeit von Eisenerzen
1958. 101 Seiten, 89 Abb., 10 Tabellen. DM 29,25

HEFT 573
Prof. Dr. phil. Franz Wever,
Dr. rer. nat. Werner Jellinghaus und
Dr.-Ing. Toshimori Shuin, Max-Planck-Institut für Eisenforschung, Düsseldorf
Gemischt-keramische Sinterwerkstoffe aus Aluminiumoxyd und Eisen oder Eisenlegierungen
1958. 76 Seiten, 39 Abb., 17 Tabellen. DM 22,65

HEFT 586
Dr.-Ing. Wilhelm Anton Fischer und
Dr. rer. nat. Alfred Hoffmann, Max-Planck-Institut für Eisenforschung, Düsseldorf
Verhalten von Eisen- und Stahlschmelzen im Hochvakuum
1958. 41 Seiten, 10 Abb., 13 Tabellen. DM 14,50

HEFT 597
Prof. Dr. phil. Franz Wever,
Dr. phil. Wilhelm Wink und
Dr. rer. nat. Werner Jellinghaus, Max-Planck-Institut für Eisenforschung, Düsseldorf
Suszeptibilitätsmessungen an hochwarmfesten Legierungen auf Nickel-Chrom- und Kobalt-Nickel-Chrom-Grundlage
1958. 34 Seiten, 10 Abb., 5 Tabellen. DM 12,—

HEFT 599
Prof. Dr. phil. Walter Koch und
Dipl.-Phys. Dr. phil. Heinz Sundermann, Max-Planck-Institut für Eisenforschung, Düsseldorf
Elektrochemische Grundlagen der Isolierung von Gefügebestandteilen in metallischen Werkstoffen
1958. 50 Seiten, 26 Abb., 2 Tabellen. DM 17,60

HEFT 600
Prof. Dr. phil. Walter Koch, Dr. phil. Siegfried Eckhard und Dr. rer. nat. Friedrich Stricker, Max-Planck-Institut für Eisenforschung, Düsseldorf
Die lichtelektrische Spektralanalyse der Gase im Stahl
1958. 53 Seiten, 27 Abb., 9 Tabellen. DM 15,10

HEFT 620
Dr. rer. nat. Dietrich Horstmann, Max-Planck-Institut für Eisenforschung und Gemeinschaftsausschuß Verzinken, Düsseldorf
Der Einfluß von Aluminium im Eisen- und im Zinkbad auf den Zinkangriff
1958. 29 Seiten, 17 Abb., 3 Tabellen. DM 9,40

HEFT 628
Dipl.-Ing. Walter Panknin und
Dipl.-Ing. Wolfgang Möhrlin, Verein Deutscher Ingenieure ADB, Düsseldorf
Die Ermittlung der Fließkurven von Schraubenwerkstoffen *1958. 20 Seiten, 8 Abb. DM 6,40*

HEFT 630
Prof. Dr. phil. Walter Koch und
Dr. techn. Dipl.-Ing. Hanns Malissa, Max-Planck-Institut für Eisenforschung, Düsseldorf
Beiträge zur Spurenanalyse im Reinsteisen
1958. 25 Seiten, 8 Tabellen. DM 7,60

HEFT 644
Prof. Dr.-Ing. Franz Bollenrath, Institut für Werkstoffkunde an der Rhein.-Westf. Technischen Hochschule Aachen
Untersuchung einiger mechanischer Eigenschaften von Sinteraluminium S. A. P. und S. A. P.-Avional
1958. 24 Seiten, 26 Abb. DM 8,10

HEFT 697
Prof. Dr.-Ing. Theodor Gast,
Dr.-Ing. Karl-Max Frhr. v. Meysenburg und
Prof. Dr.-Ing. Otto Krischer, Technische Hochschule Darmstadt
Untersuchung über die Erwärmungsvorgänge bei der Verarbeitung härtbarer und thermoplastischer Kunststoffe
1959. 91 Seiten, 34 Abb., 4 Tabellen. DM 16,90

HEFT 706
Prof. Dr.-Ing. Dr.-Ing. E. h. Hermann Schenck und Dr.-Ing. Hans Esch, Institut für Eisenhüttenwesen der Rhein.-Westf. Technischen Hochschule Aachen
Zur Untersuchung der Hochofenvorgänge
1959. 32 Seiten, 23 Abb. DM 9,90

HEFT 737
Prof. Dr.-Ing. habil. Karl Krekeler,
Dr.-Ing. Heinz Peukert und Dipl.-Ing. Josef Eilers, Institut für Kunststoffverarbeitung an der Rhein.-Westf. Technischen Hochschule Aachen
Festigkeitsuntersuchungen an Rohren aus Thermoplasten
1959. 66 Seiten, 84 Abb. DM 19,40

HEFT 748
Prof. Dr. phil. nat. habil. Hans-Ernst Schwiete,
Dr.-Ing. Harald Knoblauch und
Dr. rer. nat. Günther Ziegler, Institut für Gesteinshüttenkunde der Rhein.-Westf. Technischen Hochschule Aachen
Die Hydratation der Verbindungen $3\,CaO \cdot SiO_2$ und $\text{ß-}2\,CaO \cdot SiO_2$
1959. 56 Seiten, 22 Abb., 14 Tabellen. DM 15,70

HEFT 780
Prof. Dr. phil. Franz Wever,
Dr.-Ing. Werner Lueg und Dr.-Ing. Paul Funke, Max-Planck-Institut für Eisenforschung, Düsseldorf
Untersuchung von Walzöl und Walzölemulsionen im Kaltwalzversuch
1959. 68 Seiten, 28 Abb., mehr. Tabellen. DM 18,50

HEFT 788
Prof. Dr.-Ing. Herwart Opitz, Laboratorium für Werkzeugmaschinen und Betriebslehre an der Rhein.-Westf. Technischen Hochschule Aachen
Der Einsatz radioaktiver Isotope bei Zerspanungsuntersuchungen
1959. 35 Seiten, 23 Abb. DM 11,30

HEFT 797
Prof. Dr. phil. Heinrich Lange und
Dr. rer. nat. Rudolf Kohlhaas, Institut für theoretische Physik der Universität Köln
Über die wahre spezifische Wärme von Eisen, Nickel und Chrom bei hohen Temperaturen
Neue Verfahren zur Messung der wahren spezifischen Wärme von Metallen bei hohen Temperaturen
1960. 115 Seiten, 38 Abb., 24 Tabellen. DM 31,20

HEFT 798
Dr. rer. nat. Karl Wassmann, Mönchengladbach
Einfluß der Schutzgasatmosphäre auf die Eigenschaften von Sinterstahl
1959. 94 Seiten, 65 Abb., 19 Tabellen. DM 27,—

HEFT 799
Dipl.-Ing. Helmut Weiss, Frankfurt a. M.
Aufkohlung und Härtung von Sintereisen-Werkstoffen
1960. 61 Seiten, 56 Abb., 2 Tabellen. DM 18,80

HEFT 800
Dipl.-Ing. Otto Schindler, Lehrstuhl für Stahlbau, Technische Hochschule Hannover
Untersuchungen an geschweißten Hüttenkranen
Ein Beitrag zur Berechnung dünnwandiger Hohlkästen
1959. 46 Seiten, 14 Abb., 2 Tabellen. DM 13,20

HEFT 801
Baurat Dipl.-Ing. Waldemar Gesell, Staatliche Ingenieurschule für Maschinenwesen, Duisburg
Ersatz von Quarzsand als Strahlmittel
1960. 66 Seiten, 12 Abb., 4 Tabellen. 17 Diagramme. DM 18,90

HEFT 833
Prof. Dr.-Ing. Helmut Winterhager und
Dr.-Ing. Dan Hubert Hermes, Institut für Metallhüttenwesen und Elektrometallurgie der Rhein.-Westf. Technischen Hochschule Aachen
Anodennebenreaktionen bei der Silberraffinationselektrolyse
1960. 55 Seiten, 21 Abb., 10 Tabellen. DM 15,60

HEFT 834
Prof. Dr.-Ing. Helmut Winterhager und
Dr.-Ing. Klaus Reiprich, Institut für Metallhüttenwesen und Elektrometallurgie der Rhein.-Westf. Technischen Hochschule Aachen
Studie über den Glänzabbau des Reinstaluminiums in Flußsäure enthaltenden chemischen Glänzbädern
1960. 92 Seiten, 88 Abb., 7 Tabellen. DM 27,30

HEFT 840
Prof. Dr. phil. Franz Wever,
Dr.-Ing. Hans-Günter Müller und
Dr.-Ing. Paul Funke, Max-Planck-Institut für Eisenforschung, Düsseldorf
Versuchsmäßige und rechnerische Bestimmung von Walzkraft und Drehmoment unter Einwirkung von Bandzugspannungen beim Kaltwalzen von Bandstahl
1960. 36 Seiten, 12 Abb., 3 Tafeln. DM 10,90

HEFT 841
Dr. rer. nat. Hubert Blanck, Max-Planck-Institut für Eisenforschung, Düsseldorf
Untersuchungen zur Kinetik des Martensitzerfalls
1960. 33 Seiten, 11 Abb., 2 Tabellen. DM 10,30

HEFT 849
Direktor Ludwig Martin, Wuppertal-Elberfeld und
Friedrich Steiner, Ratingen
Weiterentwicklung von Friktionswerkstoffen
1960. 66 Seiten, 70 Abb., 3 Tabellen. DM 20,50

HEFT 939
Prof. Dr.-Ing. habil. Wilhelm Petersen und
Dipl.-Ing. Hans Mingenbach, Dozentur für Brikettierung der Rhein.-Westf. Technischen Hochschule Aachen
Untersuchungen über die Herstellung von Erzbriketts
1961. 83 Seiten, 67 Abb., 2 Tabellen. DM 25,60

HEFT 957
Prof. Dr.-Ing. Dr.-Ing. E. h. Hermann Schenck,
Prof. Dr.-Ing. Eugen Schmidtmann und
Dr.-Ing. Helmut Brandis, Institut für Eisenhüttenwesen der Rhein.-Westf. Technischen Hochschule Aachen
Mechanische und physikalische Prüfverfahren zur Ermittlung der Vorgänge bei der Abschreck- und Verformungsalterung
1961. 47 Seiten, 34 Abb. DM 14,90

HEFT 958
Prof. Dr.-Ing. Dr.-Ing. E. h. Hermann Schenck,
Prof. Dr.-Ing. Eugen Schmidtmann und
Dr.-Ing. Heinz Müller, Institut für Eisenhüttenwesen der Rhein.-Westf. Technischen Hochschule Aachen
Untersuchungen zur Isolierung von Einschlüssen und Korngrenzensubstanzen in Eisenwerkstoffen nach dem Dünnschliffverfahren. Innere Oxydation von Eisenlegierungen
1961. 50 Seiten, 33 Abb., 2 Tabellen. DM 15,90

HEFT 961
Prof. Dr.-Ing. Wilhelm Patterson und
Dr.-Ing. Dietmar Boenisch, Gießerei-Institut der Rhein.-Westf. Technischen Hochschule Aachen
Eigenschaften und Eigenschaftsänderungen der Tonmineralien in Formsanden
1961. 33 Seiten, 16 Abb. DM 10,90

HEFT 962
Prof. Dr.-Ing. Wilhelm Patterson und
Dr.-Ing. Philipp Schneider, Gießerei-Institut der Rhein.-Westf. Technischen Hochschule Aachen
Untersuchungen über die Oberflächenfeingestalt von Gußstücken
1961. 69 Seiten, 52 Abb., 1 Bildtafel. DM 20,80

HEFT 963
Prof. Dr.-Ing. Wilhelm Patterson und
Dr.-Ing. Wilhelm Weskamp, Gießerei-Institut der Rhein.-Westf. Technischen Hochschule Aachen
Versuche zur Steigerung der Temperatur in der Schmelzzone des Kupolofens und zur Erzielung eines optimalen thermischen Wirkungsgrades durch Verwendung von HC-Koks in unterschiedlicher Stückgröße
1961. 87 Seiten, 29 Abb., 30 Tabellen. DM 28,30

HEFT 964
Prof. Dr.-Ing. Wilhelm Patterson und
Dr.-Ing. Friedrich Iske, Gießerei-Institut der Rhein.-Westf. Technischen Hochschule Aachen
Zusammenhang zwischen den mechanischen Eigenschaften im Gußstück und im getrennt gegossenen Probestab
1961. 82 Seiten, 53 Abb., 13 Tabellen. DM 23,80

HEFT 968
Prof. Dr.-Ing. habil. Anton Königer †, Institut für Gießereikunde der Technischen Universität Berlin
Zur Kenntnis der Passivierbarkeit und Korrosionsbeständigkeit technischer Eisensorten
1961. 25 Seiten, 7 Abb., 8 Tabellen. DM 8,90

HEFT 969
Prof. Dr. phil. Erich Scheil, Düsseldorf
Über den Zustand von Metallschmelzen
1961. 37 Seiten, 23 Abb., 2 Tabellen. DM 11,90

HEFT 970
*Prof. Dr.-Ing. Anton Königer † und
Dipl.-Ing. Günther Kuhl, Institut für Gießereikunde
der Technischen Universität Berlin*
Der Einfluß verschiedener Begleit- und Legierungselemente auf das Viskositätsverhalten von Gußeisenschmelzen
1961. 26 Seiten, 14 Abb., 6 Tabellen. DM 8,60

HEFT 1016
*Dr. rer. nat. W. Jellinghaus, Max-Planck-Institut für
Eisenforschung, Düsseldorf*
Sinterwerkstoffe aus Nickel oder Nickelaluminid mit Aluminiumoxyd
1961. 33 Seiten, 22 Abb., 6 Tabellen. DM 13,50

HEFT 1057
*Prof. Dr.-Ing. Dr.-Ing. E. h. Hermann Schenck,
Dr.-Ing. Werner Wenzel und
Dr.-Ing. Hanns-Dieter Butzmann, Institut für Eisenhüttenwesen der Rhein.-Westf. Technischen Hochschule
Aachen*
Die Reduktion von Eisenerzen im heterogenen Wirbelbett
1961. 87 Seiten, 32 Abb., 5 Tabellen. DM 28,20

HEFT 1067
*Prof. Dr.-Ing. Dr.-Ing. E. h. Hermann Schenck und
Dr.-Ing. Klaus-Dieter Unger, Institut für Eisenhüttenwesen der Rhein.-Westf. Technischen Hochschule Aachen*
Versuche zur Bestimmung von Verunreinigungen in Metallen; insbesondere von Oxyden und Oxydverbindungen in technischen Stählen
1962. 34 Seiten, 10 Abb., 3 Tabellen. DM 13,40

HEFT 1068
*Prof. Dr.-Ing. Dr.-Ing. E. h. Hermann Schenck,
Dr.-Ing. Werner Wenzel, Dr.-Ing. Günter Lindelar,
Prof. Dr.-Ing. Rudolf Spolders und
Dr.-Ing. Hilmar Weidenmüller, Institut für Eisenhüttenwesen der Rhein.-Westf. Technischen Hochschule Aachen*
Der Einfluß des Schwefels und der Kohlenoxydspaltung auf den Hochofenprozeß
1962. 222 Seiten, 99 Abb., 51 Tabellen. DM 49,50

HEFT 1083
*Prof. Dr.-Ing. Franz Bollenrath und
Ahmed Ali Salem El-Sabbagh, Institut für Werkstoffkunde der Rhein.-Westf. Technischen Hochschule Aachen*
Untersuchungen über die Warmfestigkeit von Hartlötverbindungen
1963. 80 Seiten, 88 Abb., 7 Tabellen. DM 59,40

HEFT 1092
*Prof. Dr.-Ing. habil. Anton Königer † und
Dr.-Ing. Manfred Odendahl, Institut für Gießereikunde
der Technischen Universität Berlin*
Der Einfluß von Oxyden auf die Viskosität von reinen Eisen-Kohlenstoff-Silizium-Legierungen
1962. 23 Seiten, 9 Abb. DM 10,40

HEFT 1093
*Dr.-Ing. Wolf Dieter Röpke und
Dr.-Ing. Abbas Sabé, Institut für Gießereikunde der
Technischen Universität Berlin*
Das Fließvermögen und die Warmrißneigung von Stahl mit besonderer Berücksichtigung des Einflusses von hohen Molybdängehalten
1962. 37 Seiten, 21 Abb., 4 Tabellen. DM 17,—

HEFT 1094
*Prof. Dr.-Ing. habil. Anton Königer † und
Prof. Dr. phil. Emanuel Pfeil, Institut für Gießereikunde der Technischen Universität Berlin*
Versuche zur Entwicklung von Korrosions-Prüfmethoden
1962. 23 Seiten, 7 Abb., 3 Tabellen. DM 10,80

HEFT 1113
*Dr. rer. nat. Wolfgang Pitsch, Max-Planck-Institut für
Eisenforschung, Düsseldorf*
Die kristallographischen Eigenschaften der Nitridausscheidungen im α-Eisen
1962. 21 Seiten, 8 Abb., 3 Tabellen. DM 11,—

HEFT 1114
*Dipl.-Chem. Dr. phil. Siegfried Eckhard und
Dipl.-Phys. Walter Baum, Max-Planck-Institut für
Eisenforschung, Düsseldorf*
Über ein physikalisches Verfahren zur Bestimmung des Wasserstoffs im ternären Gemisch mit Stickstoff und Kohlenmonoxyd
1962. 63 Seiten, 31 Abb. DM 39,80

HEFT 1122
*Prof. Dr.-Ing. Dr.-Ing. E. h. Hermann Schenck,
Dozent Dr.-Ing. Werner Wenzel und
Dr.-Ing. Günther Dietrich, Institut für Eisenhüttenwesen der Rhein.-Westf. Technischen Hochschule Aachen*
Reaktionskinetische Betrachtung des Sintervorganges und Möglichkeiten zur Leistungssteigerung. Entwicklung eines Schachtsinterverfahrens
1962. 93 Seiten, 24 Abb., 5 Tabellen. DM 44,50

HEFT 1158
*Dr.-Ing. habil. Alfred Krisch, Max-Planck-Institut für
Eisenforschung, Düsseldorf*
Über die Extrapolation von Zeitstandversuchen
1963. 31 Seiten, 13 Abb., 2 Tabellen. DM 17,50

HEFT 1190
*Prof. Dr.-Ing. Max Vater und Dipl.-Ing. Otto Schulte,
Institut für Bildsame Formgebung der Rhein.-Westf.
Technischen Hochschule Aachen*
Die Formänderungsfestigkeit von Metallen
In Vorbereitung

HEFT 1191
*Prof. Dr.-Ing. habil. Anton Königer †,
Dr.-Ing. Manfred Odendahl und Eberhard Pahl, Institut
für Gießereikunde der Technischen Universität Berlin*
Über die Bildsamkeit von tongebundenen Formsanden
1963. 33 Seiten, 21 Abb., 4 Tabellen. DM 18,—

HEFT 1192
*Prof. Dr.-Ing. habil. Anton Königer † und
Dr.-Ing. Peter R. Sahm, Institut für Gießereikunde der
Technischen Universität Berlin*
Das Fließvermögen reiner und sauerstoffhaltiger Kupferschmelzen
1963. 47 Seiten, 38 Abb. 3 Tabellen. DM 31,80

HEFT 1193
*Prof. Dr.-Ing. Helmut Winterhager und
Dr.-Ing. Reinhard K. Buchner, Institut für Metallhüttenwesen und Elektrometallurgie der Rhein.-Westf. Technischen Hochschule Aachen*
Beitrag zum experimentellen Problem der Messung schneller Elektrodenvorgänge
1963. 40 Seiten, 14 Abb. DM 17,—

HEFT 1194
Dr. rer. nat. Werner Jellinghaus, Max-Planck-Institut für Eisenforschung, Düsseldorf
Beiträge zur Konstitution metallischer Stoffe durch Suszeptibilitätsmessungen
1963. 25 Seiten, 8 Abb., 3 Tabellen. DM 14,—

HEFT 1253
Dipl.-Ing. Alfred Puck, Dipl.-Ing. Horst Wurtinger, Deutsches Kunststoffinstitut, Darmstadt
Werkstoffgemäße Dimensionierungs-Größen für den Entwurf von Bauteilen aus kunstharzgebundenen Glasfasern
Teil I und II
1963. 149 Seiten, 73 Abb., 8 Tabellen. DM 76,—

HEFT 1305
*Dr. phil. Hermann Möller und
Dipl.-Phys. Helmut Weeber, Max-Planck-Institut für Eisenforschung, Düsseldorf*
Die Bildgüte bei der Durchstrahlung von Werkstoffen mit Röntgen- oder Gammastrahlen von 0,1 bis 31 MeV
1963. 69 Seiten, 40 Abb., 2 Tabellen. DM 32,90

HEFT 1344
*Prof. Dr.-Ing. Dr.-Ing. E. h. Hermann Schenck,
Dozent Dr.-Ing. Werner Wenzel,
Dr.-Ing. Hans D. Kluger, Institut für Eisenhüttenwesen der Rhein.-Westf. Technischen Hochschule Aachen*
Über das Reduktionsverhalten eisenoxydhaltiger Schlacken
1964. 91 Seiten, 60 Abb., 6 Tabellen im Anhang. DM 44,—

HEFT 1355
Dr.-Ing. habil. Alfred Krisch, Max-Planck-Institut für Eisenforschung, Düsseldorf
Kriechverhalten, Gefügeänderung und Risse bei mehrjährigen Zeitstandversuchen
1964. 27 Seiten, 17 Abb., 6 Tabellen. DM 14,80

HEFT 1379
Dr. phil. nat. Max Hempel, Max-Planck-Institut für Eisenforschung, Düsseldorf
Dauerschwingfestigkeit bei 20 und 500° C von Stählen mit niedrigem Kohlenstoffgehalt und verschiedenen Titan-Zusätzen
1964. 58 Seiten, 27 Abb., 12 Tabellen. DM 34,—

HEFT 1384
Dr. rer. nat. Hans-Jürgen Engell, Dr. rer. nat. Anton Bäumel und Dr. rer. nat. Konrad Bohnenkamp, Max-Planck-Institut für Eisenforschung, Düsseldorf
Die Spannungsrißkorrosion von Weicheisen in Kalzium-Nitratlösungen
1964. 46 Seiten, 27 Abb., 2 Tabellen. DM 25,50

HEFT 1385
Prof. Dr.-Ing. Helmut Winterhager und Dr.-Ing. Roland Kammel, Institut für Metallhüttenwesen und Elektrometallurgie der Rhein.-Westf. Technischen Hochschule Aachen
Über die elektrochemischen Grundlagen der Zinkchlorid-Schmelzflußelektrolyse
1964. 52 Seiten, 22 Abb., 24 Tabellen. DM 25,50

HEFT 1387
Dipl.-Chem. Wolfgang Werner, im Auftrage der Deutschen Industrie-Werke Aktiengesellschaft, Berlin-Spandau
Verbesserung der Eigenschaften von Sinterteilen durch Nachbehandlung (Oberflächenveredelung, Korrosionsschutz)
1964. 44 Seiten, 21 Abb., 16 Tabellen. DM 23,80

HEFT 1391
Dipl.-Phys. Dr. rer. nat. Ernst Wachtel und Dipl.-Phys. Erich Übelacker, Max-Planck-Institut für Metallforschung, Stuttgart, im Auftrage des Vereins Deutscher Gießereifachleute, Düsseldorf
Messung der Dichte und der magnetischen Suszeptibilität von Zinn-Zink-Legierungen
1964. 42 Seiten, 23 Abb., 4 Tabellen. DM 23,50

HEFT 1398
Prof. Dr.-Ing. Eberhard Schürmann und Dr.-Ing. Horst-Carsten Groth, Institut für Gießereiwesen der Bergakademie Clausthal, im Auftrage des Vereins Deutscher Gießereifachleute, Düsseldorf
Schmelzgleichgewichte im System Eisen-Schwefel-Kohlenstoff-Phosphor und Silizium bei 1400° C
1964. 31 Seiten, 6 Abb., 6 Tabellen. DM 15,50

HEFT 1403
Dr. phil. nat. Gerhard Zapf, Dipl.-Ing. Ulrich Völker und Ing. Rudolf Reinstadtler, im Auftrage der Forschungsgemeinschaft Pulvermetallurgie, Schwelm
Entwicklung von Fertigungsmethoden zur Erzeugung hochfester Sinterteile, Teil I und II
1965. 170 Seiten, 54 Abb., 13 Tabellen, 29 Auswertungstafeln, 55 Diagramme. DM 74,50

HEFT 1414
Prof. Dr. phil. Walter Koch, Dipl.-Phys. Helga Kolbe-Rohde und Dr. rer. nat. Jürgen Dittmann, Max-Planck-Institut für Eisenhüttenwesen der Rhein.-Westf. Technischen Hochschule Aachen
Untersuchungen zur Kinetik der Karbidbildung in Chromstählen
1964. 21 Seiten, 6 Abb., 4 Tabellen. DM 12,—

HEFT 1415
Prof. Dr.-Ing. Dr.-Ing. E. h. Hermann Schenck, Dozent Dr.-Ing. Werner Wenzel und Dr.-Ing. Trimbak Herwadkar, Institut für Eisenhüttenwesen der Rhein.-Westf. Technischen Hochschule Aachen
Stückigmachung von Feinerz auf dem Wanderrost in Gemischen mit Feinkohle
1964. 100 Seiten, 34 Abb., 21 Tabellen. DM 43,80

HEFT 1416
Prof. Dr.-Ing. Dr. h. c. Herwart Opitz und Dipl.-Ing. H. H. Bech, Laboratorium für Werkzeugmaschinen und Betriebslehre der Rhein.-Westf. Technischen Hochschule Aachen, im Auftrage des Vereins Deutscher Gießereifachleute, Düsseldorf
Bearbeitung von Leichtmetallen
1964. 39 Seiten, 22 Abb., 5 Tabellen. DM 26,50

HEFT 1419
Prof. Dr. phil. Adolf Rose, Dr.-Ing. Hans Paul Hougardy und Dr.-Ing. Albert Klein, Max-Planck-Institut für Eisenforschung, Düsseldorf
Der Einfluß der Unterkühlung auf die Kristallisationsformen von voreutektoidisch ausgeschiedenen Phasen und von eutektoidischen Phasengemengen
1964. 83 Seiten, 51 Abb., 4 Tabellen. DM 47,50

HEFT 1420
Prof. Dr. phil. Erich Scheil † und Dr. rer. nat. Hans Leo Lukas, im Auftrage des Vereins Deutscher Gießereifachleute, Düsseldorf
Messung des Dampfdruckes von magnesiumhaltigen Gußeisenschmelzen
1964. 19 Seiten, 8 Abb. DM 12,—

HEFT 1428
Prof. Dr.-Ing. Max Vater, Dipl.-Ing. Gerhard Nebe und Dipl.-Ing. Ansgar Schütza, Institut für Bildsame Formgebung der Rhein.-Westf. Technischen Hochschule Aachen
Mechanische Entzunderung von Blechen und Bändern
1965. 104 Seiten, 124 Abb., 6 Tabellen. DM 66,80

HEFT 1447
Dr. phil. Wolfgang Wepner, Max Planck-Institut für Eisenforschung, Düsseldorf
Restwiderstandsmessungen an reinem Eisen
1964. 23 Seiten, 5 Abb., 2 Tabellen. DM 12,50

HEFT 1448
Dr. rer. nat. Ralf Damm und Dr. rer. nat. Ernst Wachtel, Max-Planck-Institut für Metallforschung, Stuttgart, im Auftrage des Vereins Deutscher Gießereifachleute, Düsseldorf
Magnetische Messungen und kinetische Versuche an flüssigen Wismut–Mangan-Legierungen
1965. 25 Seiten, 9 Abb. DM 12,80

HEFT 1474
Prof. Dr.-Ing. Max Vater, Dipl.-Ing. Gerhard Nebe und Dipl.-Ing. Ansgar Schütza, Institut für Bildsame Formgebung der Rhein.-Westf. Technischen Hochschule Aachen
Beitrag zur mechanischen Entzunderung von Draht
1965. 35 Seiten, 19 Abb. DM 19,80

HEFT 1482
Prof. Dr. Theo Heumann und Richard Schürmann, Institut für Metallforschung der Universität Münster
Über die Beeinflussung der Passivierbarkeit aktiver Metalle durch Zulegieren von Chrom und Nickel
1965. 43 Seiten, 27 Abb. DM 23,50

HEFT 1487
Dr.-Ing. Werner Schwenzfeier und Dr.-Ing. Oskar Pawelski, Max-Planck-Institut für Eisenforschung, Düsseldorf
Glühversuche an Stahldrähten in verschiedenen Ofenatmosphären
1965. 45 Seiten, 34 Abb., 2 Tabellen. DM 25,80

HEFT 1491
Prof. Dr.-Ing. Wilhelm Patterson, Dr.-Ing. Peter Coppetti
Gießerei-Institut der Rhein.-Westf. Technischen Hochschule Aachen
Prof. Dr.-Ing. Dr. h. c. Herwart Opitz
Laboratorium für Werkzeugmaschinen und Betriebslehre der Rhein.-Westf. Technischen Hochschule Aachen
Zerspanbarkeit von Grauguß
1965. 109 Seiten, 54 Abb., 5 Tabellen. 59,50

HEFT 1492
Dr. phil. nat. Max Hempel und Dr. rer. nat. Emil Hillnhagen, Max-Planck-Institut für Eisenforschung, Düsseldorf
Einfluß der Erschmelzungsart auf die Dauerschwingfestigkeit ungekerbter und gekerbter Proben eines Wälzlagerstahles
1965. 63 Seiten, 21 Abb., 12 Tabellen. DM 38,—

HEFT 1495
Prof. Dr.-Ing. Wilhelm Patterson, Dr.-Ing. Helmut Brand und Dipl.-Ing. Heinrich Traßl, Gießerei-Institut der Rhein.-Westf. Technischen Hochschule Aachen
Das Viskositätsverhalten flüssiger Bleilegierungen im Konzentrationsbereich der festen Löslichkeit
1965. 24 Seiten, 9 Abb., 2 Tabellen. DM 13,—

HEFT 1496
Prof. Dr. phil. Karl Löhberg und Dipl.-Ing. Günther Kühl, Institut für Gießereikunde der Technischen Universität Berlin, im Auftrage des Vereins Deutscher Gießereifachleute, Düsseldorf
Einfluß von Magnesium und Cer auf die Viskosität behandelter Gußeisenschmelzen sowie Abbrand des Magnesiums und Änderung des Sauerstoffgehaltes in Abhängigkeit von der Abstehzeit
1965. 26 Seiten, 7 Abb., 5 Tabellen. DM 12,80

HEFT 1502
Prof. Dr.-Ing. Wilhelm Patterson, Dr.-Ing. Walter Koppe und Dr.-Ing. Siegfried Engler, Gießerei-Institut der Rhein.-Westf. Technischen Hochschule Aachen
Untersuchungen zur Erstarrung und Speisung von Gußeisen
1965. 96 Seiten, 51 Abb., 3 Tabellen. DM 52,80

HEFT 1503
Prof. Dr.-Ing. Max Vater, Dipl.-Ing. Gerhard Nebe und Dipl.-Ing. Ansgar Schütza, Institut für Bildsame Formgebung der Rhein.-Westf. Technischen Hochschule Aachen
Beitrag zur Prüfung metallischer Strahlmittel
1965. 77 Seiten, 69 Abb., 11 Tabellen. DM 49,—

HEFT 1534
Prof. Dr. phil. Adolf Rose, Max-Planck-Institut für Eisenforschung, Düsseldorf
Schweißbarkeit und Umwandlungsverhalten der Stähle
1965. 57 Seiten, 20 Abb., 5 Tabellen. DM 39,—

HEFT 1552
Fachausschuß Stahlguß im Verein Deutscher Gießereifachleute, Düsseldorf
Einfluß der Oberflächenbeschaffenheit auf die Dauerfestigkeit von Stahlguß
1965. 38 Seiten, zahlr. Abb. und Tabellen. DM 24,80

HEFT 1571
Dr. phil. Heinz Kudielka und M. Sc. Teruo Yukitoshi, Max-Planck-Institut für Eisenforschung, Düsseldorf
Röntgenfluoreszenz-Untersuchungen an kleinen Feststoff-Oberflächen und konzentrierten Salzlösungen
1965. 48 Seiten, 24 Abb., 13 Tabellen. DM 29,50

HEFT 1578
Prof. Dr.-Ing. Franz Bollenrath und Dipl.-Ing. Hugo Feldmann, Institut für Werkstoffkunde der Rhein.-Westf. Technischen Hochschule Aachen
Einfluß der Verformung und Temperatur auf mechanische Eigenschaften von unlegiertem Titan

HEFT 1580
Prof. Dr.-Ing. Hermann Schenck und Dr.-Ing. Franz Neumann, Institut für Eisenhüttenwesen und Gießerei-Institut der Rhein.-Westf. Hochschule Aachen
Über den Einfluß von Zusatzelementen auf das Verhalten des Kohlenstoffs in flüssigen Eisenlegierungen und die Beziehung zu ihrer Stellung im Periodischen System *In Vorbereitung*

HEFT 1589
Prof. Dr.-Ing. Dr.-Ing. E. h. Hermann Schenck, Aachen, Prof. Dr.-Ing. habil. Mathias Nacken, Aachen, Dr.-Ing. Ernst Potthast, Völklingen, und Dipl.-Phys. Edith Butenuth, Aachen. Institut für Eisenhüttenwesen der Rhein.-Westf. Technischen Hochschule Aachen
Untersuchungen über die Existenzbereiche der Eisenkarbide mit Hilfe der Elektronenmikroskopie und Elektronenbeugung *In Vorbereitung*

HEFT 1591
Prof. Dr.-Ing. Wilhelm Patterson und Dr.-Ing. Siegfried Engler, Gießerei-Institut der Rhein.-Westf. Technischen Hochschule Aachen
Volumendefizit und Lunkerung bei der Erstarrung von Metallen

HEFT 1592
Prof. Dr.-Ing. habil. Dr. h. c. Max Fink und Dr.-Ing. Alfred E. Steinegger, Institut für Fördertechnik und Schienenfahrzeuge der Rhein.-Westf. Technischen Hochschule Aachen. Direktor: Prof. Dr.-Ing. habil. Dr. h. c. Max Fink und Forschungsinstitut der Gesellschaft zur Förderung der Glimmentladungsforschung e. V., Köln. Direktor: Prof. Dr. Martin Schmeißer
Die Erscheinung der Reiboxydation an ionitrierten Stahloberflächen
1965. 83 Seiten, 10 Abb., 16 Tabellen, 15 Tafeln. DM 49,50

HEFT 1615
Prof. Dr.-Ing. Wilhelm Patterson und Dr.-Ing. Siegfried Engler, Gießerei-Institut der Rhein.-Westf. Technischen Hochschule Aachen
Die »gerichtete Erstarrung« als Voraussetzung zur Herstellung dichter Gußstücke

HEFT 1617
Dr.-Ing. Alfred F. Steinegger und Dipl.-Ing. Josef Kläusler, Forschungsinstitut der Gesellschaft zur Förderung der Glimmentladungsforschung e. V., Köln. Direktor: Prof. Dr. Martin Schmeißer
Untersuchung der Notlaufeigenschaften innitrierter Laufflächen bei gleitender Reibung
In Vorbereitung

HEFT 1622
Prof. Dr.-Ing. Wilhelm Patterson, Prof. Dr.-Ing. Hermann Schenck und Dr.-Ing. Franz Neumann Gießerei-Institut der Rhein.-Westf. Technischen Hochschule Aachen und Institut für Eisenhüttenwesen der Rhein.-Westf. Technischen Hochschule Aachen
Einfluß der Eisenbegleiter auf Kohlenstofflöslichkeit, Kohlenstoffaktivität und Sättigungsgrad im Gußeisen *In Vorbereitung*

HEFT 1626
Prof. Dr.-Ing. Dr.-Ing. E. h. Hermann Schenck, Dozent Dr.-Ing. Werner Wenzel, Dr.-Ing. B. R. Rajasekhar und Dipl.-Phys. Franz Rudolf Block, Institut für Eisenhüttenwesen der Rhein.-Westf. Technischen Hochschule Aachen
Das metallurgische und elektrische Verhalten von Koks, insbesondere von Erzkoks, unter den realen Bedingungen des elektrischen Niederschachtofens
In Vorbereitung

HEFT 1627
Prof. Dr.-Ing. Dr.-Ing. E. h. Hermann Schenck, Dozent Dr.-Ing. Werner Wenzel und Dr.-Ing. Karl-Heinz Kleemann, Institut für Eisenhüttenwesen der Rhein.-Westf. Technischen Hochschule Aachen
Entzinkung von Gichtstaub im Schmelzsyklon
In Vorbereitung

HEFT 1628
Prof. Dr.-Ing. Wilhelm Patterson und Dr.-Ing. Wolfgang Standke, Gießerei-Institut der Rhein.-Westf. Technischen Hochschule Aachen, in Zusammenarbeit mit dem Verein Deutscher Gießereifachleute, Düsseldorf
Einfluß der Einsatzstoffe, der Schmelzführung im Induktionsofen und der Impfbehandlung auf das Gefüge und die mechanischen Eigenschaften von Gußeisen mit Lamellengraphit *In Vorbereitung*

HEFT 1629
Dr.-Ing. Franz Neumann, Prof. Dr.-Ing. Wilhelm Patterson und Dipl.-Ing. Dieter Albrecht, Gießerei-Institut der Rhein.-Westf. Technischen Hochschule Aachen
Gleichgewichtsuntersuchungen über den gemeinsamen Einfluß von Mangan und Schwefel auf das physikalisch-chemische Verhalten des im flüssigen Eisen gelösten Kohlenstoffs im Bereich der Kohlenstoffsättigung *In Vorbereitung*

HEFT 1630
Prof. Dr.-Ing. Helmut Winterhager, Dr.-Ing. Lothar Greiner und Dr.-Ing. Roland Kammel, Institut für Metallhüttenwesen und Elektrometallurgie der Rhein.-Westf. Technischen Hochschule Aachen
Untersuchungen über die Dichte und die elektrische Leitfähigkeit von Schmelzen der Systeme $CaO-Al_2O_3-SiO_2$ und $CaO-MgO-Al_2O_3-SiO_2$
In Vorbereitung

HEFT 1659
Prof. Dr.-Ing. Wilhelm Patterson und Dr.-Ing. Dietmar Boenisch, Gießerei-Institut der Rhein.-Westf. Technischen Hochschule Aachen
Die Wasserbindung an Tonen und ihre Bedeutung für die Fertigkeit des Gießereiformsandes
In Vorbereitung

HEFT 1695
Dr. rer. nat. Dietrich Meinhardt, Max-Planck-Institut für Eisenforschung, Düsseldorf
Strukturbestimmung durch Kernstreuung und magnetische Streuung thermischer Neutronen
In Vorbereitung

Verzeichnisse der Forschungsberichte aus folgenden Gebieten können beim Verlag angefordert werden:
Acetylen/Schweißtechnik – Arbeitswissenschaft – Bau/Steine/Erden – Bergbau – Biologie – Chemie – Eisenverarbeitende Industrie – Elektrotechnik/Optik – Energiewirtschaft – Fahrzeugbau/Gasmotoren – Druck/Farbe/Papier/Photographie – Fertigung – Funktechnik/Astronomie – Gaswirtschaft – Holzbearbeitung – Hüttenwesen/Werkstoffkunde – Kunststoffe – Luftfahrt/Flugwissenschaften – Maschinenbau – Mathematik – Medizin/Pharmakologie/NE-Metalle – Physik – Rationalisierung – Schall/Ultraschall – Schiffahrt – Textilforschung – Turbinen – Verkehr – Wirtschaftswissenschaften.

 Springer Fachmedien Wiesbaden GmbH

If you have any concerns about our products,
you can contact us on
ProductSafety@springernature.com

In case Publisher is established outside the EU,
the EU authorized representative is:
**Springer Nature Customer Service Center GmbH
Europaplatz 3, 69115 Heidelberg, Germany**

Printed by Libri Plureos GmbH
in Hamburg, Germany